Small Garden

极致小庭院
设计与施工全图解

改造 · 设计 · 施工 · 装饰 · 种植

（日）高山彻也——著

朱悦玮——译

北方联合出版传媒（集团）股份有限公司
辽宁科学技术出版社

前言

在狭小的空间里
也能享受园艺的乐趣

在院子里种一棵树或在玄关前放一盆植物，都能够为你的家增添一份悠闲和惬意，为每天的生活增添色彩，让人感受到四季的变迁。

只要有$1m^2$左右的土地和直径40~50cm的大花盆，搭配1~2种高度在主景树一半的灌木、花期比较长的宿根霞草、叶形和颜色变化丰富的多年生植物，就能打造出一个非常漂亮的小花园（小庭院），伴随着植物的生长和季节的变化，可以欣赏到春季的嫩芽、美丽的花朵、可爱的果实以及五颜六色的叶子。

即便是常年没有阳光的背光处，宽度只有15cm的路边花坛、细长的庭院等乍看起来并不适合做园艺（庭院设计）的空间，也可以通过巧妙的设计来将其变为美丽的花园——本书介绍了许多相关的案例和推荐的植物、工具等。即便是狭小的庭院也能享受园艺的乐趣，我由衷地希望本书能够为大家提供帮助。

最后，请允许我借此机会向施工案例中提供协助的诸位表示衷心的感谢。

Gardening Shop Le Ciel
高山彻也

本书的阅读方法——介绍本书的构成。以第1章中“小庭院的实例”为例。

第1章●自己也能做的庭院设计
介绍笔者设计施工的“小庭院的实例”。

第2章●从种植到庭院设计
介绍制订种植计划的方法，新手也能立即学会的“小庭院装饰创意”，只要稍微努力就能学会的“庭院设计方法”。

第3章●适合狭小空间的植物图鉴
分别从“主景树（常绿树／落叶树）”“灌木”“花草”这几类介绍适合狭小庭院的植物。

第4章●园艺术语
对植物和园艺相关的专业术语进行简单的解说。

标题
为了便于大家参考，以种植空间的特征作为标题。

种植使用的植物
实际种植的植物。主要植物的种植方法等在第3章中有详细的介绍。

种植的注意事项
将种植计划中的重点内容逐条列举出来。

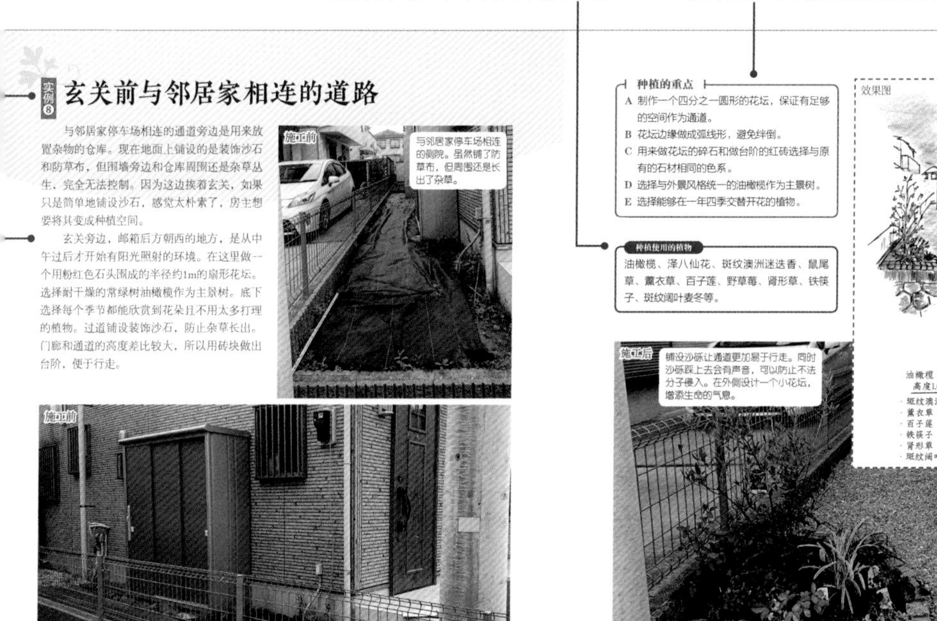

庭院照片（施工前）
施工前的庭院。

庭院照片（施工后）
完成后的庭院。

空间的特征与种植计划
对笔者如何根据种植空间的特征和委托方的要求制订种植计划和施工进行通俗易懂的解说。

效果图
为了让种植计划一目了然，在施工前最好画一个示意图。

目录

第2章 从种植到庭院设计

第3章 适合狭小空间的植物图鉴

主景树（常绿树）

主景树（落叶树）

目录

花草

第1章

自己也能做的庭院设计

实例1 带落地窗的向阳庭院

这是南向、面对道路的前院。现在院子里只有一盆山茶，完全无法作为花园来享受。房主因为一盆混栽植物感受到了园艺的乐趣，产生“想要真正享受园艺”的想法，于是委托我对庭院进行改造。

在落地窗前铺设了一个木地板。这样室外与室内就保持在同一水平线上，更便于出入。晾晒衣服的工作也变得更加轻松。因为正对着道路，所以在木地板前方设置了一个木栅栏用来遮挡视线。整个院落十分整齐，可以在前方设置花坛，种植藤蔓植物、灌木以及香草等。在木地板旁边种植日本四照花作为主景树。等这棵树长大之后，就能让木地板区域成为清爽的纳凉处。在木地板下方靠近道路的一侧种植了加拿大唐棣、灌木、草本植物等，保证在每个季节都能欣赏到多年生植物美丽的花朵接力绽放。

从落地窗到庭院，有一段高度差。

虽然光线很好，但因为紧挨着道路，所以比较在意外人的视线。

种植的重点

A 在户外铺设连接室内地板与台面平台的木地板。

B 在地板前面竖起栅栏用来种植藤蔓植物。

C 栅栏下方的花坛要与木地板的高度保持一致，营造出整体感。

D 地板和花坛都做成弧形，营造出灵动的风格。

E 在地板附近种植能形成树荫的日本四照花作为主景树。

下页接续➡

实例❶ 带落地窗的向阳庭院

种植使用的植物

【木地板前的花坛】

铁线莲、蔷薇、栎叶绣球、北美金丝桃、新西兰麻、铁筷子、大吴风草、玉簪、铜叶茴香、北葱、沙拉薄荷、百里香等。

种植使用的植物

【庭院】

日本四照花、加拿大唐棣、湖北十大功劳、风箱果、锦带花、绣球花“粉红安娜贝拉”、红涩石楠、紫哈登柏豆、百子莲、洋地黄、水甘草、蓝山鼠尾草、水仙、蕾丝花、黑种草等。

从道路上向庭院望去，视线都被木栅栏挡住了。如果全部用木栅栏的话，会有压迫感，所以其他部分用2棵主景树来遮挡视线。

种植在木地板附近的日本四照花在初夏会开出白色的花朵，长大后还会形成树荫。

下页接续➡

实例❶ 带落地窗的向阳庭院

使用太多直线的话，会显得造型过于生硬，所以木地板和花坛都采用了给人留下灵动印象的曲线设计。

选择了从初春到深秋能将花期延续起来的多年生草本植物，同时搭配了一些每年都会开花的蕾丝花和黑种草等一年生草本植物。

施工后
在落叶树加拿大唐棣的底部种植了湖北十大功劳、铁筷子等常绿植物，这样在冬季的时候也不会显得单调。

施工后
虽然从路上看不出庭院里的模样，但在里面看已经是绿意盎然的庭院了。

施工后

实例❷ 停车场空间改造

在修建之初设计的户外景观，因为经过了许多年且没有及时维护，早已面目全非了。房主委托我对户外景观进行改造。

通过事前调查发现，户外南侧一面的光照非常好。因此油橄榄和针叶树都生长得十分茂盛，导致树形杂乱，种植花草的木质花盆很容易生虫，现在已经破败不堪了。其他的植物也都生长茂盛，需要花费时间和精力去修剪。邻居的竹栅栏与这边的外观不匹配，需要将其挡住。

与房主沟通后，决定去掉不需要的植物，让庭院看起来更加清爽。房根底下的空间用2层红砖垒起来做成花坛。修剪油橄榄让树形更加优美，对底部没有枝叶的针叶植物顶部进行修剪，同时增添一些生长缓慢、造型优美的彩叶植物。

用与房主家的风格相匹配的木栅栏挡住邻居家的竹栅栏，高度2.4m，可以完全消除邻居家竹栅栏的影响。在木栅栏底部也搭建一个花坛，种植耐干燥的植物。木栅栏以后还可以供蔷薇生长。

种植的重点

A 将不需要的植物去掉，让整体空间更加清爽。

B 用红砖垒出花坛，将停车场和种植空间明确区分开。

C 用木栅栏挡住与这边风格不统一的竹栅栏，保持庭院风格统一。

D 可以用吊篮或者藤蔓植物来美化木栅栏。

E 增加生长缓慢、不需要过多照顾的植物。

施工前

虽然植物很多，但大都已经十分杂乱。因为植物的生长速度过快，每年都需要大量修剪，导致植物不开花，也不结果，陷入恶性循环。

效果图

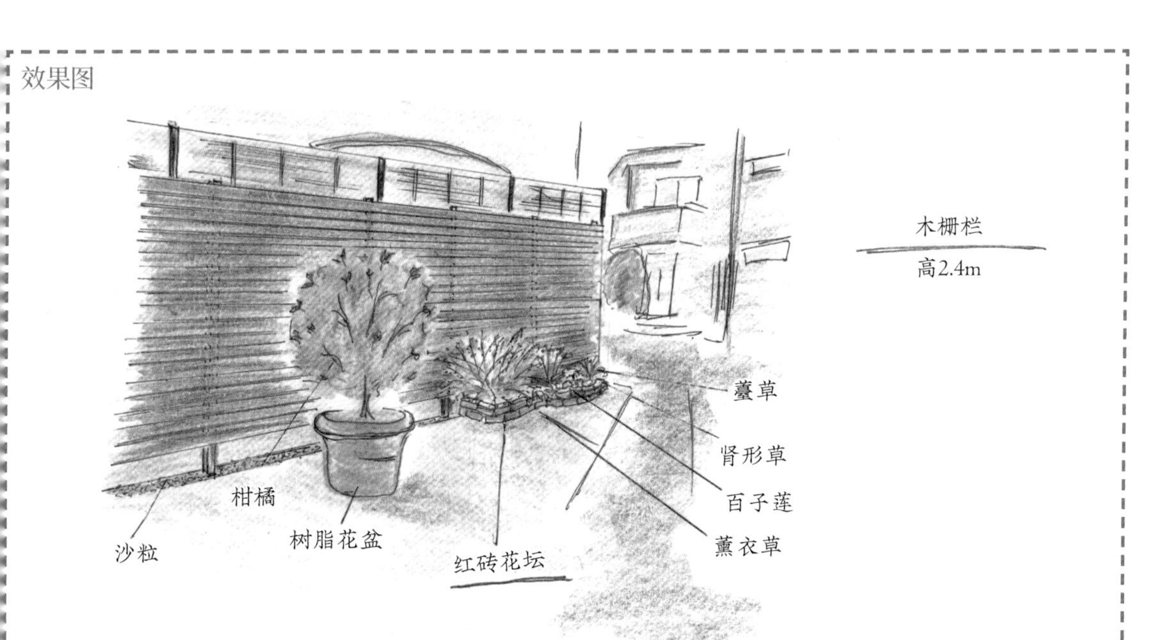

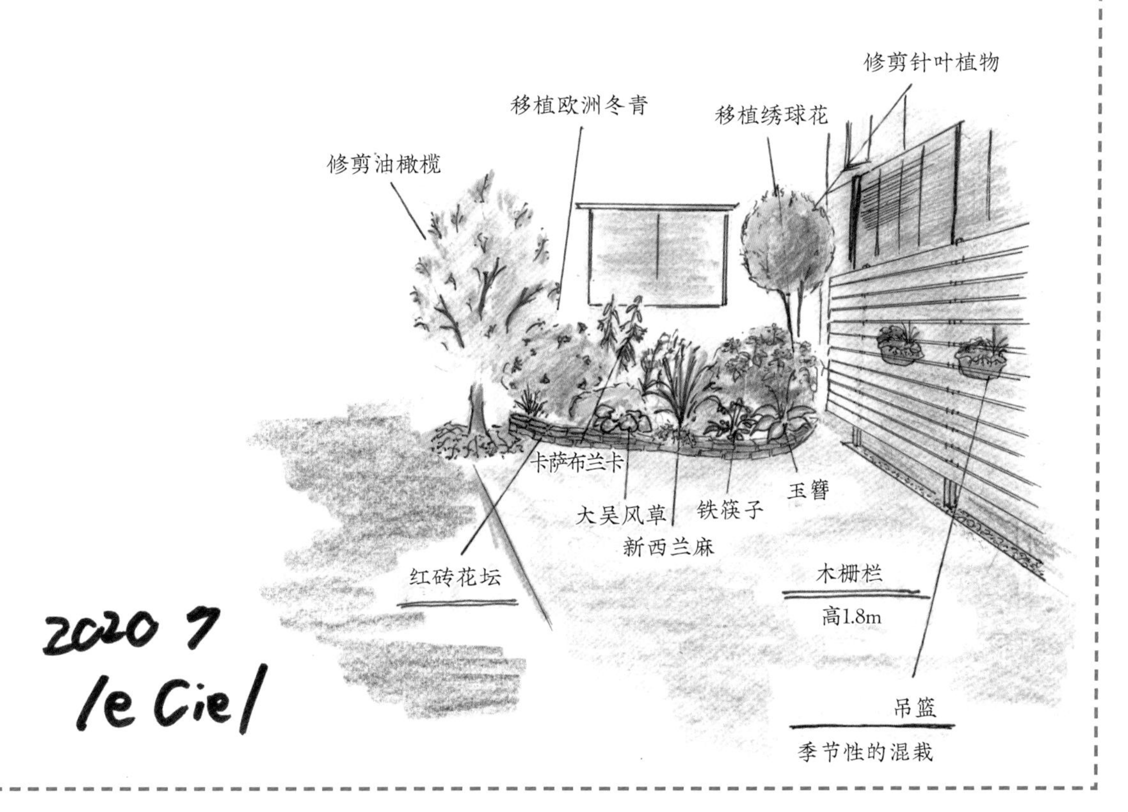

2020 7
le Ciel

下页接续➡

实例❷ 停车场空间改造

施工后

将针叶植物修剪成圆形，它成为庭院中的聚焦点。木栅栏可以让种在花盆里的蔷薇爬上去。

施工后

用2层红砖垒出花坛，造型也采用灵动的曲线形。保留原有的绣球花和铁筷子，同时加入新西兰麻、斑纹丝兰等造型优美且不会破坏整体感觉的植物。

可以在木栅栏上挂吊篮作为装饰。将不结果的柑橘移植到盆中，防止植株过度生长。

在木栅栏底部也修剪一个半圆形的小花坛，种植耐干旱的植物。将原有的薰衣草移植到这个花坛中。

种植使用的植物

【重整后的花坛】

新西兰麻、北美金丝桃、斑纹丝兰、斑纹澳洲迷迭香、斑纹大吴风草、斑纹阔叶麦冬、灯盏花、百里香等。

现有的植物

香冠柏、油橄榄、绣球花、铁筷子。

【栅栏下的花坛】

百子莲、南艾蒿、肾形草、帚石楠、匍匐筋骨草等。

现有的植物

薰衣草、迷你蔷薇 。

【花盆】

蔷薇。

现有的植物

柑橘、欧洲冬青。

实例3 向阳小院10年的变化

这个花园从最初的施工开始就是由我负责的，每年去维护一两次，每次都会根据房主的要求进行一些调整，前前后后维护了10年左右的时间。最初房主是想将混凝土停车场在客厅前面的部分改造成花园。因此我用粉碎机破坏混凝土并将其拆除，设计了一个用碎石围成的花坛。房主想用一些植物挡住夕照太阳，于是我种植了加拿大唐棣和日本四照花“月光”作为主景树，同时也种植了许多草本植物。

后来日本四照花长大了，就撤掉了玄关前用来遮挡视线的围墙。转而在另一侧的道路旁竖起了一个新的木栅栏，这样可以使从玄关到停车场的路线更加通畅。木栅栏底部也设置一个碎石花坛。因为这个位置一天只有几小时的阳光，属于半阴处，所以选择了一些喜阴植物。玄关旁的日本紫茎也用碎石围起来，营造出统一感。因为冬天日本紫茎会落叶，所以在其下方种植斑纹大吴风草、阔叶麦冬、蟆叶海棠等，给冬季也增添一些魅力。

10年间，加拿大唐棣和日本四照花的树干都变粗了，为了让植株不要长得太大，每年都对其进行修剪，控制树高。同时每年也对植物进行一些调整，让庭院不断地变化。

施工前

地面几乎都是混凝土的停车场空间。从路上可以很直接地看到室内。

种植的重点

- **A** 在客厅前种植用来遮挡夕照太阳的主景树。
- **B** 落叶树与常绿树的组合让冬季不再冷清。
- **C** 花坛都用一样的碎石围起，营造出统一感。
- **D** 花坛的轮廓采用曲线造型，显得更加自然。
- **E** 改变栅栏的朝向，使从玄关到停车场的通道更加通畅。

施工后

玄关旁种了一棵日本紫茎作为主景树，但到了冬季，叶子都掉光之后显得有些冷清。

施工后
-2010年3月-
将混凝土停车场改造成碎石围出的花坛。在客厅一侧种植落叶树加拿大唐棣，这样冬季不会挡住阳光。再搭配常绿树日本四照花“月光”，保证冬季的时候也有叶子可以欣赏。

施工后
-2010年6月-
6月左右，日本四照花“月光”会开出白色的花朵。因为是从下方开出花朵的品种，所以开花期非常美观。作为对比，在旁边种植了拥有美丽黑色叶片的风箱果。

下页接续➡

实例③ 向阳小院10年的变化

经过10年，加拿大唐棣和日本四照花的树冠都长大了不少。将原来的栅栏撤掉，换到道路一侧安装新的木栅栏。

施工后
-2020年-

种植使用的植物

【居室前的花坛】

加拿大唐棣、日本四照花“月光”、栎叶绣球、风箱果、斑纹香桃木、新西兰麻、薰衣草、摩洛哥雏菊等。

施工后

种植使用的植物

●【栅栏下的花坛（家旁）】

光蜡树、匍匐针叶树、迷迭香、迷你蔷薇、芦笋、薹草、野草莓、斑纹非洲雏菊。

在新设置的木栅栏底部制作一个花坛。碎石选择和之前的花坛一样的风格。因为阳光几乎照不到这个地方，所以种植适合阴凉环境的植物。

虽然在玄关旁有一棵紫茎，但因为冬季的时候叶子就掉光了，所以在旁边种植斑纹大吴风草和阔叶麦冬。这里也用碎石围成花坛，营造出统一感。

种植使用的植物

【玄关旁的花坛】

绣球花、斑纹大吴风草、阔叶麦冬、肾形草、蟆叶海棠、雏菊等。

种植使用的植物

●【栅栏下的花坛（道路旁）】

萤斑大吴风草、宿根屈曲花、铁筷子、百里香。

这是从道路一侧看到的木栅栏。在邮箱下方的大花盆里种植应季的一年生草本植物作为聚焦点。

实例4 半阴处的小路①

房主借重建房屋的机会，委托我设计种植空间。房主的要求是“希望和家人一起享受园艺的乐趣，也想和孩子们一起种植应季的花朵”。

我选择了玄关旁和后门楼梯深处这两个地方作为种植空间。玄关旁边是明亮的半阴处，有夕照太阳的环境。主景树选择了光蜡树，同时搭配耐干燥的百子莲、澳洲迷迭香、迷迭香、薰衣草等。因为是每天都会经过的区域，所以选择了许多彩叶植物来增添亮色。在无法直接种植的混凝土地面上集中放置花盆，种植拥有可爱圆形叶片的多花桉、拥有放射状剑叶的新西兰麻，形成充满对比性的搭配。前面准备了3种让全家可以种植应季鲜花的花盆。所有花盆的色调和设计都是统一的风格。实际的效果也非常不错，后来房主对我说，“在夏天的时候，我和孩子们一起选花，结果开了很多花”。

后门楼梯深处的种植空间是阴凉的环境。所以选择了落叶树日本小叶白蜡和常绿树金柑的组合。金柑不会长到柠檬树那么大，树形紧凑优美，而且还可以收获果实。底部的草木选择了铁筷子、迷你水仙、忘都菊、打破碗花花、大吴风草等在阴凉处也能生长开花的植物。一年四季都能欣赏到不同的景色。

施工前

在玄关旁留出可以种植的空间。

施工前

从道路上看到的模样。因为没有植物，所以看起来很单调。

施工前

后门楼梯处也有种植空间。这部分是没有太阳的阴凉环境。

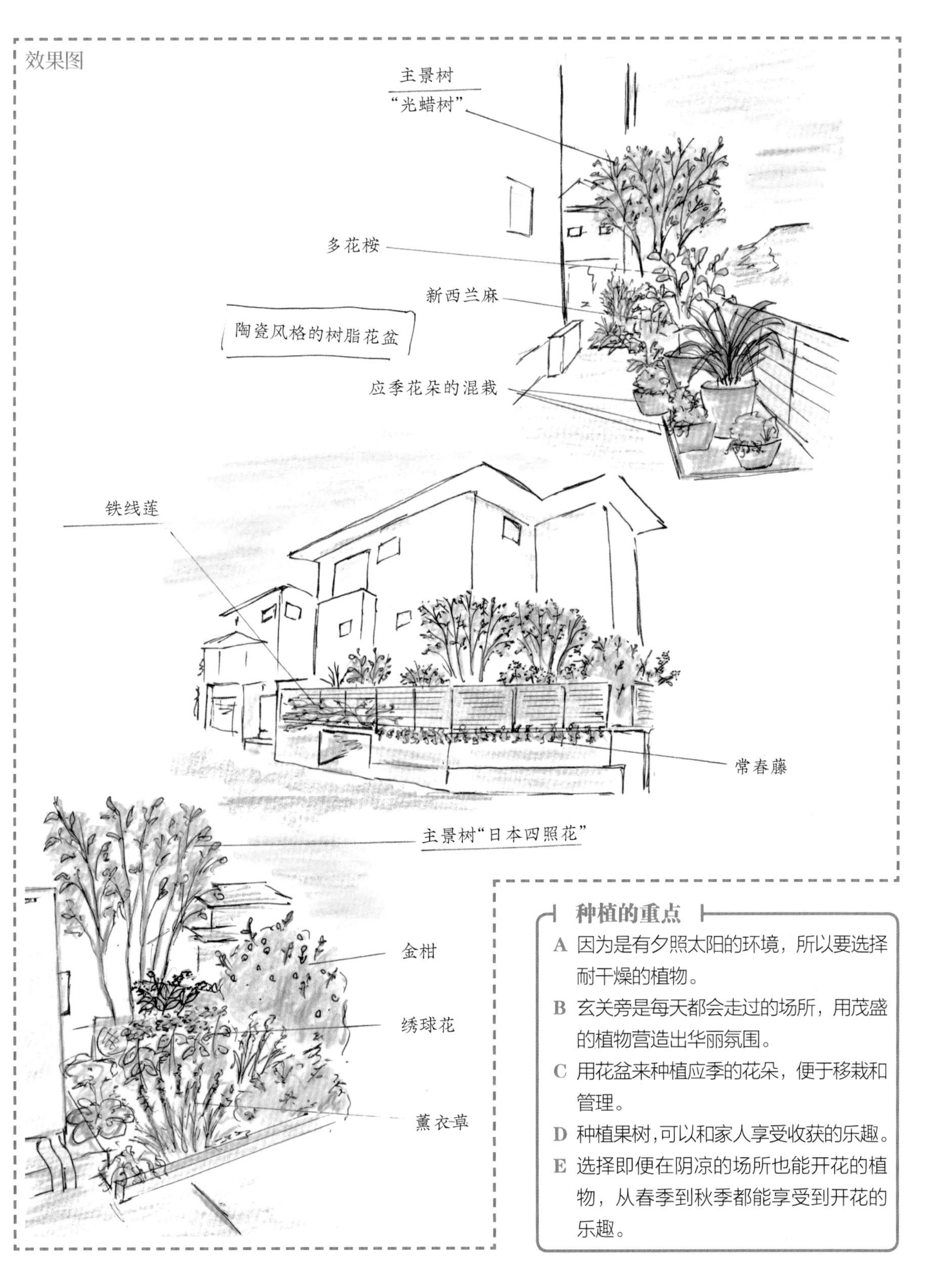

种植的重点

A 因为是有夕照太阳的环境，所以要选择耐干燥的植物。

B 玄关旁是每天都会走过的场所，用茂盛的植物营造出华丽氛围。

C 用花盆来种植应季的花朵，便于移栽和管理。

D 种植果树,可以和家人享受收获的乐趣。

E 选择即便在阴凉的场所也能开花的植物，从春季到秋季都能享受到开花的乐趣。

下页接续➡

实例④ 半阴处的小路①

施工后

在玄关旁的种植空间中种植拥有轻盈叶片的常绿树光蜡树作为主景树。底部种植薰衣草、迷迭香、百子莲、百里香等茂盛的植物。

施工后

施工后——春季

混凝土地面的部分放置大型花盆进一步增加绿色空间。花盆选择统一的色调和设计。低矮的花盆用于种植应季的花草，可以享受不断变化的乐趣。

种植使用的植物

【玄关旁的花坛】

光蜡树、乔木绣球“安娜贝拉”、风箱果、澳洲迷迭香、百子莲、铁筷子、薰衣草、迷迭香、百里香等。

后门楼梯外看到的景色。透过院墙能够看到一些树木的叶子，与施工前相比增加了许多绿意。

种植使用的植物

【花盆】

多花桉、新西兰麻、欧芹、三叶草、大花三色堇、紫罗兰、仙客来、香雪球等。

施工后

在后门旁的种植空间，选择落叶树日本小叶白蜡和常绿树金柑作为聚焦点。金柑很耐修剪，所以不会长得太大，冬季还能收获小小的果实。地面上种植的植物选择在阴凉处也能生长的植物。

施工后-夏季

种植使用的植物

【楼梯深处的花坛】

日本小叶白蜡、金柑、北美鼠刺、金边瑞香、铁筷子、打破碗花花、薰衣草、忘都菊、大吴风草、迷你水仙等。

实例5 半阴处年久失修的庭院

原本是芳草青青的南向庭院，但当年种下的光蜡树和野茉莉都长大了，严重影响了庭院里的采光，导致地面的植物因为光照不足而枯死。房主自己重新种植过几次，但每次植物都无法顺利生长，于是委托我来进行整理。

除了树木之外，用于遮挡视线的白围墙也创造了阴凉处，与玄关连接的水龙头周围因为很容易被踩到，所以草坪很难生长。于是决定用砖块铺装动线，在白围墙下用砖块围出花坛，种植耐阴凉的植物。将区域明确地区分为铺装路面和花坛。为了不让花坛和铺装路面连接到一起，特意留下了可以种植植物的小空间。利用这片空间种植植物，将各个区域的轮廓隐藏起来，显得更加自然。

花坛选择耐阴凉的植物。拥有焦糖色叶片的肾形草和多彩的观叶植物组合在一起，使花坛更加富有变化。在花园设计完成后，房主的反馈是“光秃秃的地面都重新长满了植物，让人感觉生机盎然”。

种植的重点

- A 用铺装路面和花坛对地面进行分区。
- B 将行走较多的路线铺装起来。
- C 在动线不会经过的白围墙下方设置花坛。
- D 花坛采用弧线形设计，显得更加灵动。
- E 在铺装路面与花坛的中间留出种植空间，用植物将各个区域的轮廓隐藏起来，显得更加自然。

施工前

树木长大后遮挡了阳光，白围墙的底部也变成了阴凉处，所以原本喜欢光照的植物都枯萎了。

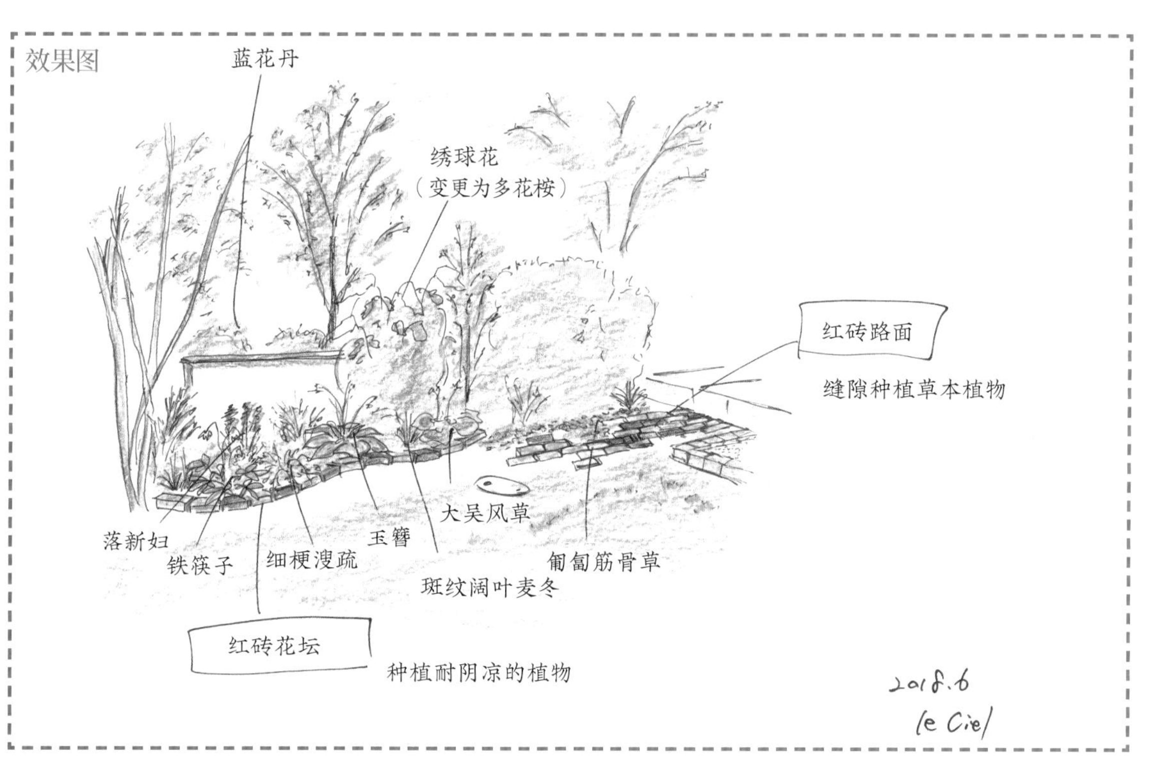
效果图
蓝花丹
绣球花
（变更为多花桉）
红砖路面
缝隙种植草本植物
落新妇
铁筷子
细梗溲疏
玉簪
大吴风草
斑纹阔叶麦冬
匍匐筋骨草
红砖花坛
种植耐阴凉的植物
2018.6
le Ciel

施工前
水龙头的深处与玄关相连。因为经常有人在这地方走动，导致植物难以生长。前面因为阳光比较好，所以青草生长得不错。

下页接续➡

实例⑤ 半阴处年久失修的庭院

用红砖垒出弧形的花坛。作为与草坪之间的分界线，红砖只用一层。花坛中种植大量彩叶植物，营造出翠绿色的渐变。

种植使用的植物

多花桉、绣球花、铁筷子、玉簪、大吴风草、肾形草、紫金牛、斑纹阔叶麦冬、婆婆纳等。

用红砖铺设出从玄关旁到庭院的通道。

实例6 半阴处的小路②

这是从玄关一直连通到后门侧院的小路。地面上有石板铺设的道路。房主认为“玄关旁边是客人一眼就能看到的地方，但景色太差了”，因此委托我进行改造。

房主是个园艺爱好者，现在的拱门上已经爬满了蔷薇，道路旁的铁栅栏上也有铁线莲。为了配合原有的植物景观，我将石板路面撤掉，重新铺设了红砖路面。道路旁用碎石拼出花坛。家旁边也有一片种植空间，这边不围花坛直接种植植物。路面和花坛中间的缝隙也利用起来种植匍匐筋骨草，在连接整体环境的同时也能够让景观看起来更加自然。

侧院朝西，因为道路旁有栅栏，所以一天只能见到几小时的阳光。种植时选择耐阴凉的植物。后门前种植立株的垂丝卫矛作为这一区域的主景树。原来房主种植的铁筷子也重新进行了混栽，形成多种多样的植物组合。房主的反馈是“庭院变得生机盎然，多种多样的植物也让杂草无处生存，管理起来变得更加容易了”。

石板铺设的道路过于朴素，
植物也太少了。

种植的重点

- **A** 根据现有的拱门和栅栏，将道路更换为风格更加统一的红砖路面。
- **B** 用碎石围成的花坛更加一目了然。
- **C** 花坛边缘做出一些弧度，突出手工的风格。
- **D** 道路和花坛之间种植匍匐筋骨草增加自然的气息。
- **E** 选择垂丝卫矛作为主景树。
- **F** 种植即便在阴凉的环境中也能茂盛生长的植物。

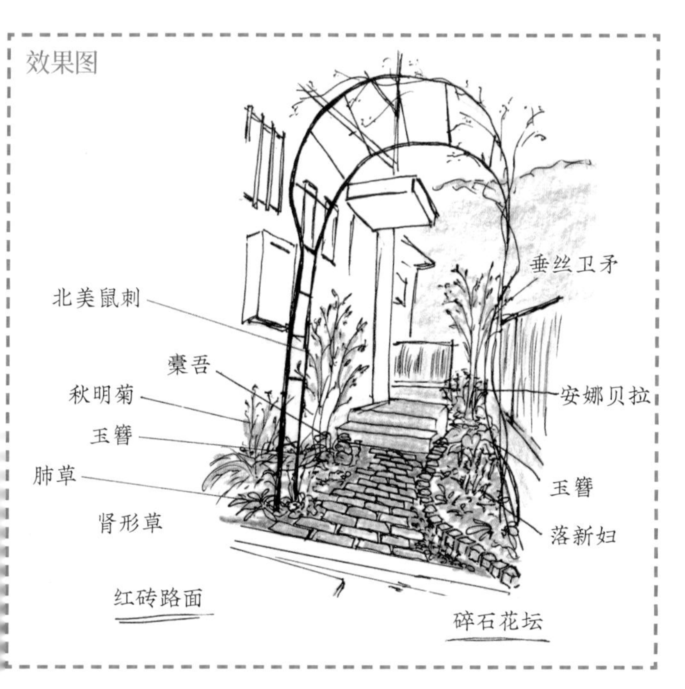

用碎石围出的花坛与后门台阶的高度保持一致。因为红砖小路是直线铺设的，所以花坛的轮廓做出一些曲线与之形成对比。

从玄关通往后门的路线用红砖重新铺设。

下页接续➡

实例❻ 半阴处的小路②

种植使用的植物

【道路旁的花坛】

垂丝卫矛、榕叶毛茛、细梗溲疏、荚蒾、银蒿、铃兰、斑纹阔叶麦冬、橐吾等。

【家旁边的空间】

荚蒾、细梗溲疏、榕叶毛茛、水仙、匍匐筋骨草等。

施工后

等铁架拱门上的蔷薇长出新芽之后就能营造出纵向的空间变化。拱门底部用肾形草和铁筷子来增添色彩。

施工后

种在后门前的立株垂丝卫矛开始长出新芽了。后面是房主之前种的铁线莲。

家旁边的空间中选择了耐阴凉的植物，而且能够随着季节的变化持续开花。

花坛正中央是房主之前种下的已经长成大株的铁筷子，在其周围搭配了迷迭香和肾形草。中央开红花的是银莲花。

在碎石花坛和红砖小路的缝隙处种植匍匐筋骨草。在增加自然气息的同时也能将两者之间的缝隙隐藏起来。

实例7 玄关旁的阴凉空间

这是一片狭长的空间，新房主搬过来后委托我对外部景观重新进行设计。

房主希望将玄关左侧的沙地改造成种植区。这片区域朝北，虽然有一些阳光，但不多，基本上是个阴凉的空间。因为房主不知道哪些植物耐阴，所以就交给专业人士来做了。首先将原来防止杂草丛生的沙砾撤掉，在这片区域种植耐阴凉的植物。选择肾形草和匍匐筋骨草等拥有丰富颜色的彩叶植物进行搭配。后来房主反馈说，自从进行改造之后，他也尝试着购买了一些植物进行替换，体会到了园艺的乐趣，感觉非常高兴。

另外，玄关右侧的侧院也需要重新设计。这部分有水龙头和水槽，地面光秃秃的，很容易长出杂草，而且光线不足，非常阴暗。房主似乎经常在这片区域清洗东西，所以需要铺设道路并且让环境变得更加明亮一些。因为与隔壁邻居挨得很近，所以还需要在此处设置一个用来遮挡视线的栅栏。栅栏上可以挂一些杂物或植物来作为装饰。

施工前

玄关的左侧是一片沙地，能够看到零星的杂草。与邻居家之间只有一个铁栅栏，通风良好，一天中有几个小时的光照。

施工前

施工前

玄关旁边的侧院里面有水龙头和水槽。因为房主有钓鱼的爱好，所以经常在这里洗东西。

效果图

灌木
北美鼠刺、斑纹金边瑞香、泽八仙花等

多年生草本植物
铁筷子、匍匐筋骨草、落新妇、大吴风草、肾形草、打破碗花花、白及、玉簪、迷你水仙、阔叶麦冬等

种植的重点

A 玄关前的种植区域选择耐阴凉的植物。
B 以漂亮的彩叶植物为主，增加绚丽的色彩。
C 后院铺上红砖路面。
D 用木栅栏当作围墙遮挡邻居的视线。
E 在栅栏上挂吊篮，种植植物。

下页接续➡

实例7 玄关旁的阴凉空间

种植1年后。植物生长得很茂盛，已经看不到土地了。不同植物之间的搭配很和谐。

种植使用的植物

银果胡颓子、细梗溲疏、泽八仙花、北美鼠刺、斑纹金边瑞香、迷迭香、薰衣草、马来麦冬、铁筷子、打破碗花花、肾形草、大吴风草、匍匐筋骨草等。

位于前方青铜色叶子的匍匐筋骨草长得非常茂盛，与位于内侧绿色叶子的匍匐筋骨草形成对比。

施工后
从玄关到大门附近竖起木栅栏，遮挡邻居的视线。

施工后
侧院的地面铺上红砖，水龙头周围也用红砖垒出水池。

施工后
木栅栏上用吊篮和架板作为装饰，可以在上面放入小摆件和植物。

实例8 玄关前与邻居家相连的道路

与邻居家停车场相连的通道旁边是用来放置杂物的仓库。现在地面上铺设的是装饰沙石和防草布，但围墙旁边和仓库周围还是杂草丛生，完全无法控制。因为这边挨着玄关，如果只是简单地铺设沙石，感觉太朴素了，房主想要将其变成种植空间。

玄关旁边，邮箱后方朝西的地方，是从中午过后才开始有阳光照射的环境。在这里做一个用粉红色石头围成的半径约1m的扇形花坛。选择耐干燥的常绿树油橄榄作为主景树。底下选择每个季节都能欣赏到花朵且不用太多打理的植物。过道铺设装饰沙石，防止杂草长出。门廊和通道的高度差比较大，所以用砖块做出台阶，便于行走。

施工前

与邻居家停车场相连的侧院。虽然铺了防草布，但周围还是长出了杂草。

施工前

种植的重点

A 制作一个四分之一圆形的花坛，保证有足够的空间作为通道。

B 花坛边缘做成弧线形，避免绊倒。

C 用来做花坛的碎石和做台阶的红砖选择与原有的石材相同的色系。

D 选择与外景风格统一的油橄榄作为主景树。

E 选择能够在一年四季交替开花的植物。

种植使用的植物

油橄榄、泽八仙花、斑纹澳洲迷迭香、鼠尾草、薰衣草、百子莲、野草莓、肾形草、铁筷子、斑纹阔叶麦冬等。

效果图

实例⑨ 玄关前、通道与停车场空间

这是一个新建成的房子，房主委托我设计室外的绿植空间。种植空间共有3处，每个地方的条件各不相同。停车场深处的花坛空间很小，还有一半被水管维护箱给占据了。虽然光线不错，但上面被二楼的阳台挡住，雨水浇不到，属于比较干燥的环境。这里如果种太高的树，长大后就会顶到阳台，所以选择了灌木琥珀风箱果作为主景树。这是一种在春天会长出琥珀色嫩叶的稀有品种，夏季和秋季也能保持红铜色的叶色。在底部种植耐干燥的植物与之搭配。

邮箱下面的花坛，因为不能种植太高的植物，所以选择了肾形草和薹草等横向生长比较茂盛的植物。通往玄关的通道虽然是朝东的，但因为被邻居家挡住了，所以属于明亮的阴凉处。在围墙旁边的宽度只有15cm左右。因为是每天都会经过的地方，所以植株如果生长得过于茂盛，反而会影响通行，于是选择了生长比较缓慢的斑纹日本伏牛花、斑纹金边瑞香等，营造出明快的氛围。

种植的重点

A 挨着道路的花坛里种植彩叶植物作为聚焦点。

B 每天都会经过的玄关通道选择生长比较缓慢的植物。

C 明亮的阴凉处选择叶片带斑纹的植物增加亮色。

D 邮箱下面的空间选择横向生长比较茂盛的植物。

E 停车场空间选择不怕踩踏的玉龙。

施工前
邮箱下面有一个很小的种植空间。

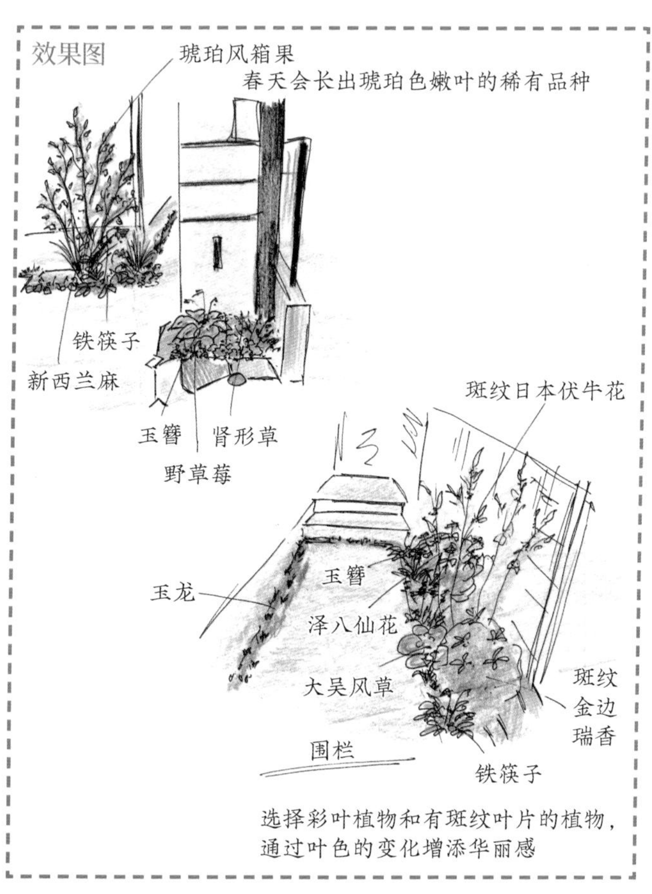
效果图
琥珀风箱果
春天会长出琥珀色嫩叶的稀有品种
铁筷子
新西兰麻
玉簪
肾形草
野草莓
斑纹日本伏牛花
玉簪
玉龙
泽八仙花
大吴风草
斑纹金边瑞香
围栏
铁筷子
选择彩叶植物和有斑纹叶片的植物，通过叶色的变化增添华丽感

施工前
停车场深处的种植空间。

下页接续➡

实例⑨ 玄关前、通道与停车场空间

种植使用的植物

【停车场的花坛】

琥珀风箱果、新西兰麻、玉簪、铁筷子、百子莲、匍匐筋骨草、百里香等。

【邮箱下的花坛】

肾形草、蔓草、宿根屈曲花等。

种植使用的植物

【混凝土地面缝隙】

玉龙。

种植使用的植物

【玄关通道的花坛】

斑纹日本伏牛花、斑纹金边瑞香、斑纹阔叶麦冬、斑纹大吴风草、斑纹风轮菜、玉簪等。

实例⑩ 玄关前、门牌旁的小空间①

这也是一栋新房，房主委托我在门牌与快递箱旁边设计一个种植空间。房主想要叶姿美丽的主景树，所以我选择了轻盈的叶子在微风中摇曳的日本小叶白蜡。树形也选择了比较优美的造型。因为这是落叶树，所以底部又搭配了一些常绿植物，以免在冬天变得冷清。种植后，夜晚有射灯从下方照亮主景树，能够在房子的外墙映照出树木的剪影，享受不一样的乐趣。

种植的重点

A 选择日本小叶白蜡作为主景树。

B 选择立株的主景树，不但造型优美，而且能够营造出茂盛的感觉。

C 只有树木显得太孤独了，所以底部也搭配一些植物。

D 因为日本小叶白蜡是落叶树，为了保持冬季的美观，在下方搭配常绿植物。

E 下方的植物选择叶片美丽的品种进行搭配组合。

种植使用的植物

日本小叶白蜡、乔木绣球“安娜贝拉”、斑纹大吴风草、斑纹澳洲迷迭香、铁筷子。

施工后

施工后

树形优美的日本小叶白蜡非常引人注目，一片生机盎然的室外景观完成。

实例11 玄关前、门牌旁的小空间②

房主希望将玄关前预留的一片种植空间利用起来，设计一个带主景树的花坛。这个场所朝北，是一片午后有夕照太阳的半阴空间，种植区域长1m、宽0.8m左右。花坛选择用2层红砖堆积起来，主景树选择有银色叶片的多花桉。为了遮挡邻居的视线，在两家的交界处设置一个横向的围栏。围栏起到背景板的作用，让植物更加显眼。

种植的重点

- **A** 用2层红砖制作花坛。
- **B** 花坛的边缘做成弧线形，在增添设计感的同时也能保证通行的顺畅。
- **C** 与邻居家的交界处设置一个高度1.7m的木栅栏，不会产生压迫感。
- **D** 栅栏选用高耐久的“硬木材质”。
- **E** 栅栏不但能起到遮挡视线的作用，还可以作为背景板让植物更加引人注目。
- **F** 围栏上可以挂植物和小摆件作为装饰。

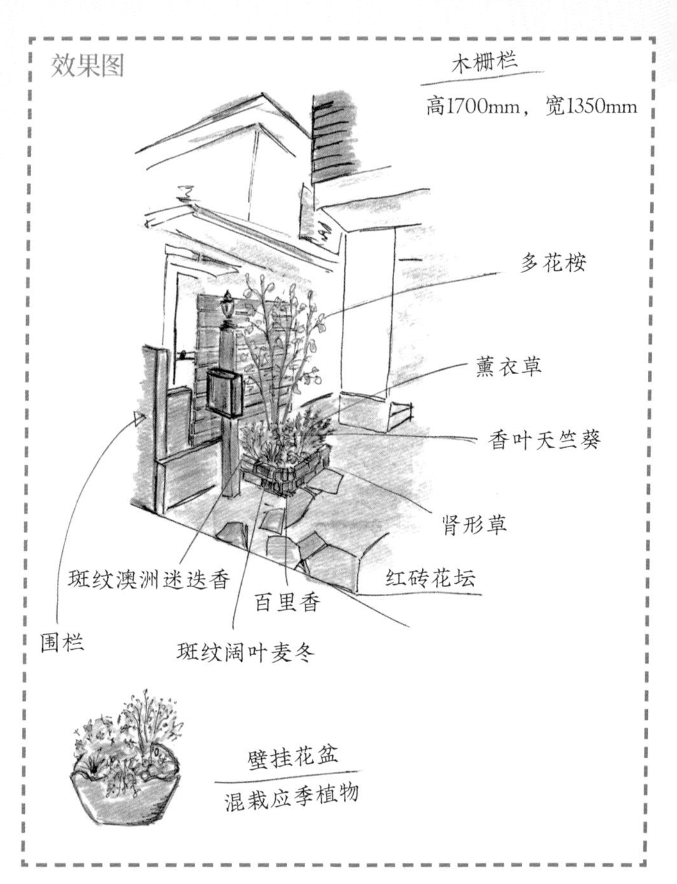

打造了花坛空间，但还没有着手种植的状态。

下页接续➡

实例⑪ 玄关前、门牌旁的小空间②

种植使用的植物

多花桉、斑纹澳洲迷迭香、薰衣草、香叶天竺葵、百里香、肾形草、天芥菜、斑纹阔叶麦冬、迷你蔷薇“绿冰”等。

设置木栅栏，在多花桉下方种植草本植物进行搭配。坛边缘与原先种植空间的多余部分种植百里香，用小子盖住裸露的土地。

施工后
整洁、明亮的外景花坛完工。木栅栏起到了背景板的作用，同时还可以挂上植物作为装饰。

实例12 光线充足的阳台

东南向、宽2.2m的L形阳台。因为是高层公寓，所以不管光线还是风景都非常好，但风也比较大。因为阳台的围栏是半透明玻璃，对面楼的住户能够看到里面，所以房主希望可以用栅栏遮挡一下视线。遮挡视线有两种方案，一种是用大型植物来遮挡，另一种是直接设置木栅栏。最终选择了折中的方案，一部分设置木栅栏，其他地方用大型植物来进行遮挡。

木栅栏设置在对面有住宅的一侧，这样不会影响到观景时的视线，同时还能降低木栅栏的压迫感。此外考虑到阳台的承重能力，选择了轻便的树脂花盆来减轻重量。

植物选择了生命力顽强且耐干燥的油橄榄、迷迭香、朱蕉、澳洲迷迭香等，同时搭配相应的草本植物。在现有的混栽花盆中也增加了一些植物，同时铺上木屑防止过度干燥。

施工前

L形的阳台。

施工前

起居室前的阳台只有半透明的玻璃围栏，很容易被对面的住户看到。

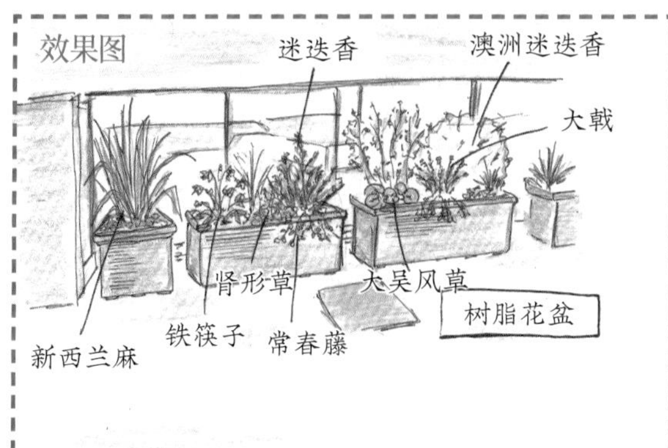

种植的重点

A 只将起居室前的部分用木栅栏挡住。

B 利用阳台的扶手立柱安装木栅栏，不破坏阳台整体结构。

C 选用树脂花盆减轻重量。

D 让现有的晾衣杆仍然能够使用。

E 选择生命力顽强、耐干燥的植物。

种植使用的植物

油橄榄、迷迭香、朱蕉、澳洲迷迭香、薰衣草、肾形草、野草莓、大吴风草、铁筷子等。

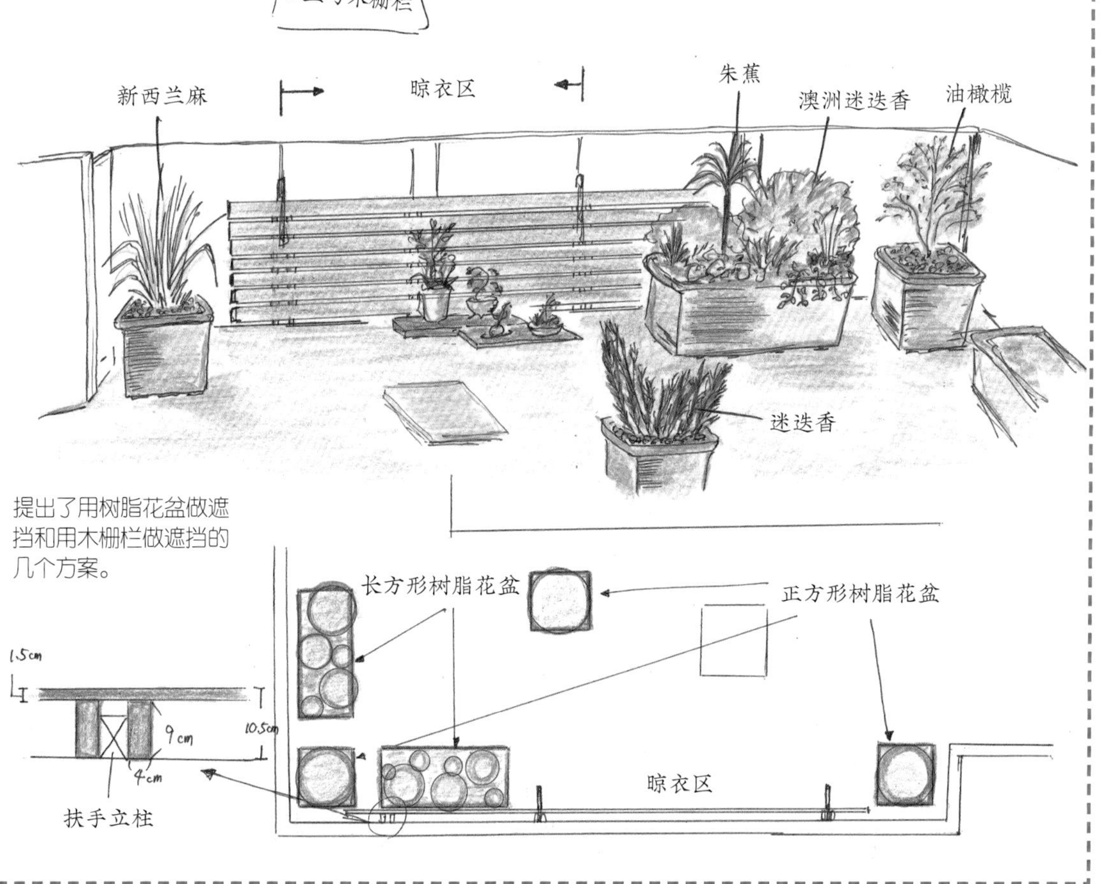

提出了用树脂花盆做遮挡和用木栅栏做遮挡的几个方案。

下页接续➡

实例⑫ 光线充足的阳台

施工后

起居室前面的部分用木栅栏挡住对面住户的视线，旁边放置花盆使空间变得生机盎然。

房主自己收集的盆栽，摆在剩余的木栅栏板材上作为装饰。

施工后

靠近玄关一侧的阳台光线不好，用花盆种植混栽植物。黄色的斑纹栀子花和马来麦冬能够给空间增添一抹亮色。

施工后

耐干燥的迷迭香会散发出淡淡的芳香。

实例⑬ 木地板露台

房主购入这个房子后，委托我重新设计庭院。现有的木地板虽然与客厅直接相连，但因为与邻居挨得太近了，房主希望能够改善从室内望向室外看到的景观。同时房主还想将现有的梅树和南天竺更换一下。

为了遮挡邻居的视线，在围栏上加装木栅栏。木栅栏上留出大约2cm的缝隙，可以保证通风和透光。后面的土地用红砖围出与木地板一样高度的花坛，让植物显得更靠近一些。选择拥有银色叶子且树形优美的油橄榄作为主景树。因为房主讨厌虫子，不希望种太多的植物，所以选择了迷迭香、薰衣草、百里香等不招虫子的植物。不选择生命周期短的一年生草本植物，而是选用每年都能开花的寿命比较长的多年生草本植物。

此外，现有的草坪已经残破不堪。房主的孩子因为有练习足球的需求，所以重新铺设了高品质的人造草坪。不但冬季不会枯萎，而且还能防止产生杂草。房主的反馈是“庭院变得明亮了许多，打理起来也很轻松，感觉非常好”。

种植的重点

A 客厅前用一个高170cm左右的木栅栏遮挡视线。

B 木栅栏的底部空出来，减轻压迫感。

C 花坛边缘做成圆弧形，增添柔和的氛围。

D 花坛与木地板高度保持一致，让植物显得更靠近一些。

E 选择不需要投入过多精力打理的植物。

F 高品质的人造草坪不易损伤，而且能够防止产生杂草。

施工前

原有的梅树、南天竺等植物给人一种很生硬的印象。

效果图

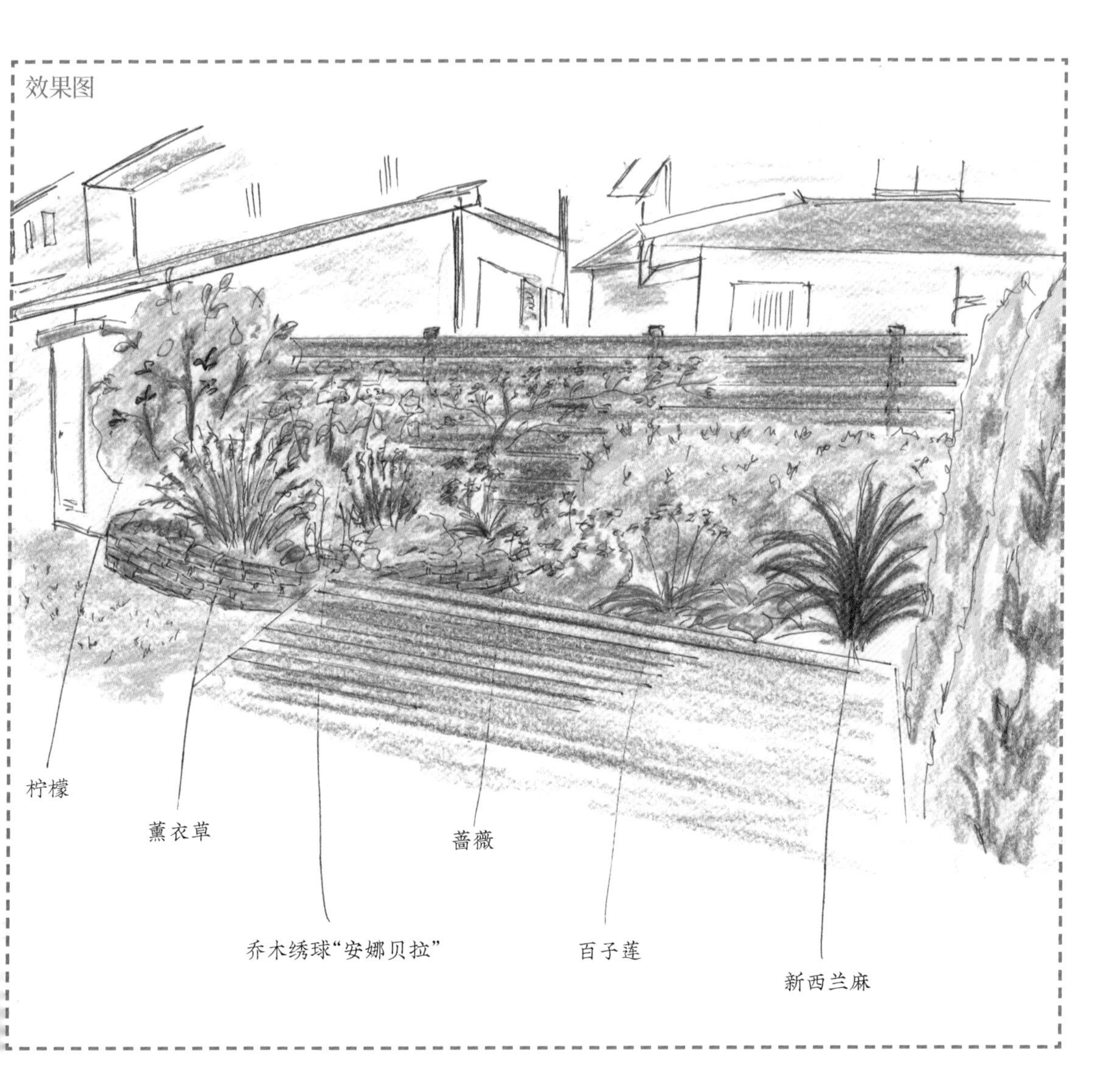

柠檬
薰衣草
蔷薇
乔木绣球"安娜贝拉"
百子莲
新西兰麻

施工前
与邻居家虽然隔着一个围栏，但完全无法遮挡视线。

施工前
原有的草坪已经残破不堪，杂草丛生。

下页接续➡

实例⑬ 木地板露台

施工后
弧形的花坛与木地板高度相同，让植物显得更加靠近。光线也很好。

施工后
木栅栏的高度大约170cm，刚好能起到遮挡视线的作用。横向的宽度比较长，给人一种视觉上比较宽阔的感觉。
PRIVATE

种植使用的植物

【花坛】

油橄榄、乔木绣球“安娜贝拉”、迷迭香、薰衣草、百里香、大戟、薹草、肾形草、铁筷子等。

【庭院】

澳洲迷迭香、新西兰麻、百子莲、北美金丝桃、人造草坪等。

施工后

铺设人造草坪，防止产生杂草，而且不需要经常维护。

施工后

人工草坪在冬季也不会枯萎，也不易造成损伤，作为足球练习场地十分合适。

实例⑭ 无法搭花坛的公寓

在公寓一楼，房主拥有一个专属的庭院。房主对园艺很感兴趣，但自己种植的植物都长得不好，因此委托我帮忙设计。虽然这是一个朝南的庭院，但高1.4m左右的院墙挡住了绝大多数的阳光，从室内向外望去也充满了压迫感。

庭院整体为L形，只有一部分有纵深。这地方的光线稍微好一些，因此在这里铺设木地板作为摆放植物的场所，同时起到吸引视线的作用。院墙用木栅栏挡起来，减轻墙壁的压迫感。同时木栅栏上还可以挂一些植物作为装饰，高处的光线也更好。原有的藤蔓植物素馨叶白英也可以顺着木栅栏生长，给庭院增添一抹绿色。房主对此的反馈是“原先混凝土的院墙到了冬天显得尤其冷清，现在增添了木材的质感，从室内向外望去感觉好多了”。

种植的重点

- **A** 所有的设施在需要对公寓进行修缮时都可以简单地拆除。
- **B** 为了挡住原有的院墙和铁丝网，木栅栏的高度要在180cm左右。
- **C** 只在庭院的一部分空间铺设木地板，起到引导视线的效果。
- **D** 将植物挂在比较高的位置，可以改善光照条件。
- **E** 新摆放的花盆风格要和原有的花盆风格保持统一。

效果图

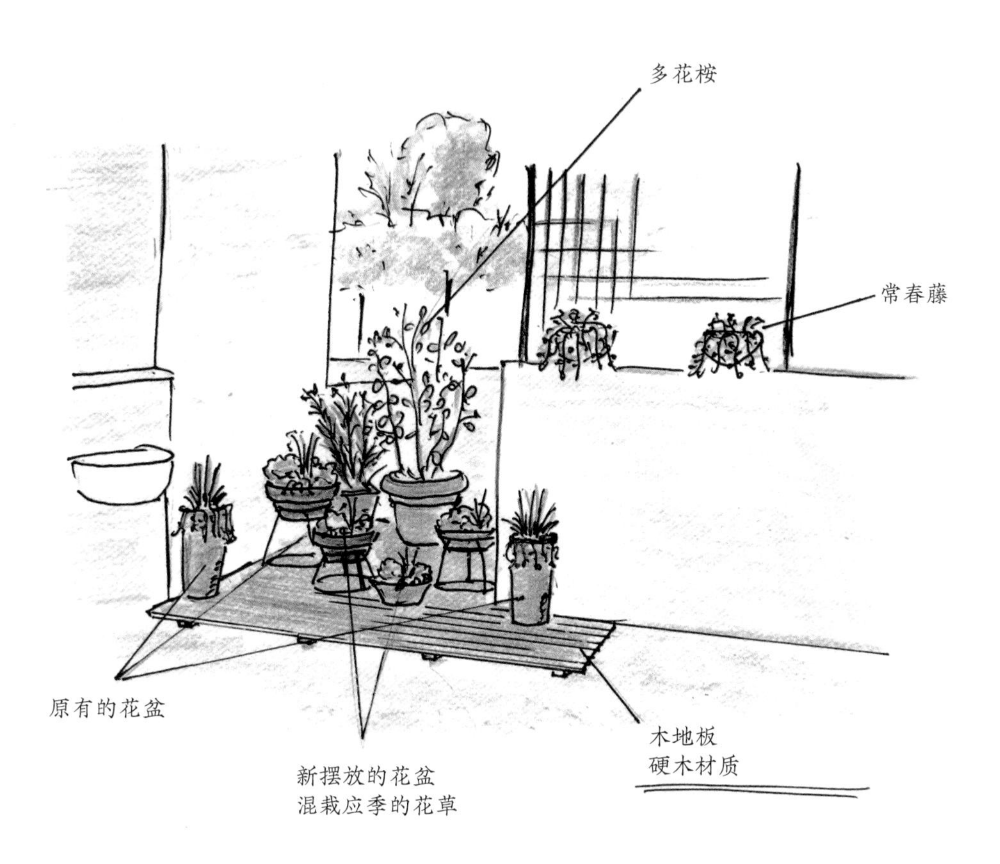

我向房主建议在L形庭院的深处集中摆放植物。提出了木地板和红砖地板两个方案，房主选择了木地板。

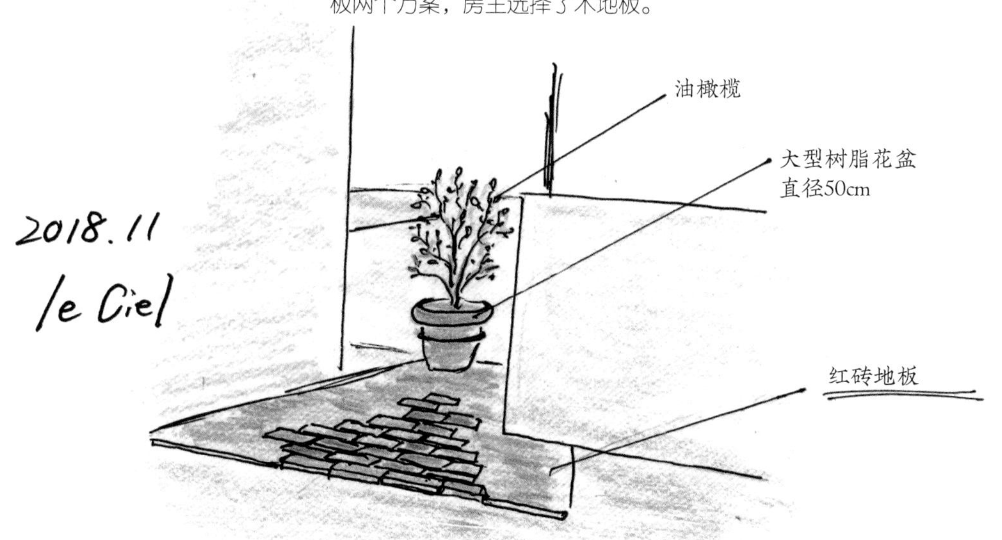

下页接续➡

实例⑭ 无法搭花坛的公寓

种植多花桉作为主景树。在光线最好的地方设置木地板，将花盆集中摆放在这里。利用花架和高花盆，尽量调整植株的摆放高度来改善光照条件。

设置木栅栏遮挡混凝土院墙。可以在木栅栏上挂自己喜欢的装饰植物，而且易于替换。等常春藤和素馨叶白英将木栅栏整个覆盖之后会更加生机盎然。

种植使用的植物

多花桉、银叶树、朱蕉、仙客来、大吴风草、斑纹庭荠、宿根龙面花、常春藤、银莲花、帚石楠、新西兰麻、马蹄金等。

实例⑮ 停车场空间的两侧

这是一栋新房，房主计划在外面设置一个停车场，但希望留出一些种植空间，于是在做水泥地面之前找到了我，希望我能够帮忙设计一下。在对现场进行实地考察之后，我委托工人制作了两处种植空间。

一处在现有围墙的前面，长 3m，宽 10~60cm，边缘用红砖垒出弧形的轮廓。这地方的光线非常好，非常适合植物生长。主景树选择了树形自然优美的日本四照花，花坛分三段种植蔷薇和铁线莲，将砖墙隐藏起来。底部的花草选择新西兰麻、薰衣草、大戟等多种多样的植物。因为这里的自然条件非常好，所以植物生长得都比较茂盛，看起来比实际的花坛范围要大得多。

另一处是玄关前通道的旁边。为了保证通行，用来种植的空间宽度只有15cm。这里紧挨着邻居家的栅栏，属于阴凉的环境。所以选择了铁筷子、玉簪、马来麦冬、大吴风草等耐阴凉的植物。以多年生草本植物为主，达到每个季节都能享受开花的效果。虽然空间不大，但也完全能够享受到园艺的乐趣。

玄关通道旁宽度只有15cm的种植空间。要考虑到植物不要生长得过于茂盛影响通行。

围墙前面的花坛，为了缓和砖墙的生硬感，花坛边缘采用了弧形的轮廓。

种植的重点

A 花坛的边缘做成弧形，显得不那么生硬。

B 为了将原有的砖墙隐藏起来，在花坛里种植能够爬墙的藤蔓植物。

C 选择树形自然优美的日本四照花作为主景树。

D 在玄关通道旁边留出一块不会影响通行的宽度15cm的种植空间。

E 在玄关旁边的花坛选择适合阴凉环境的植物。

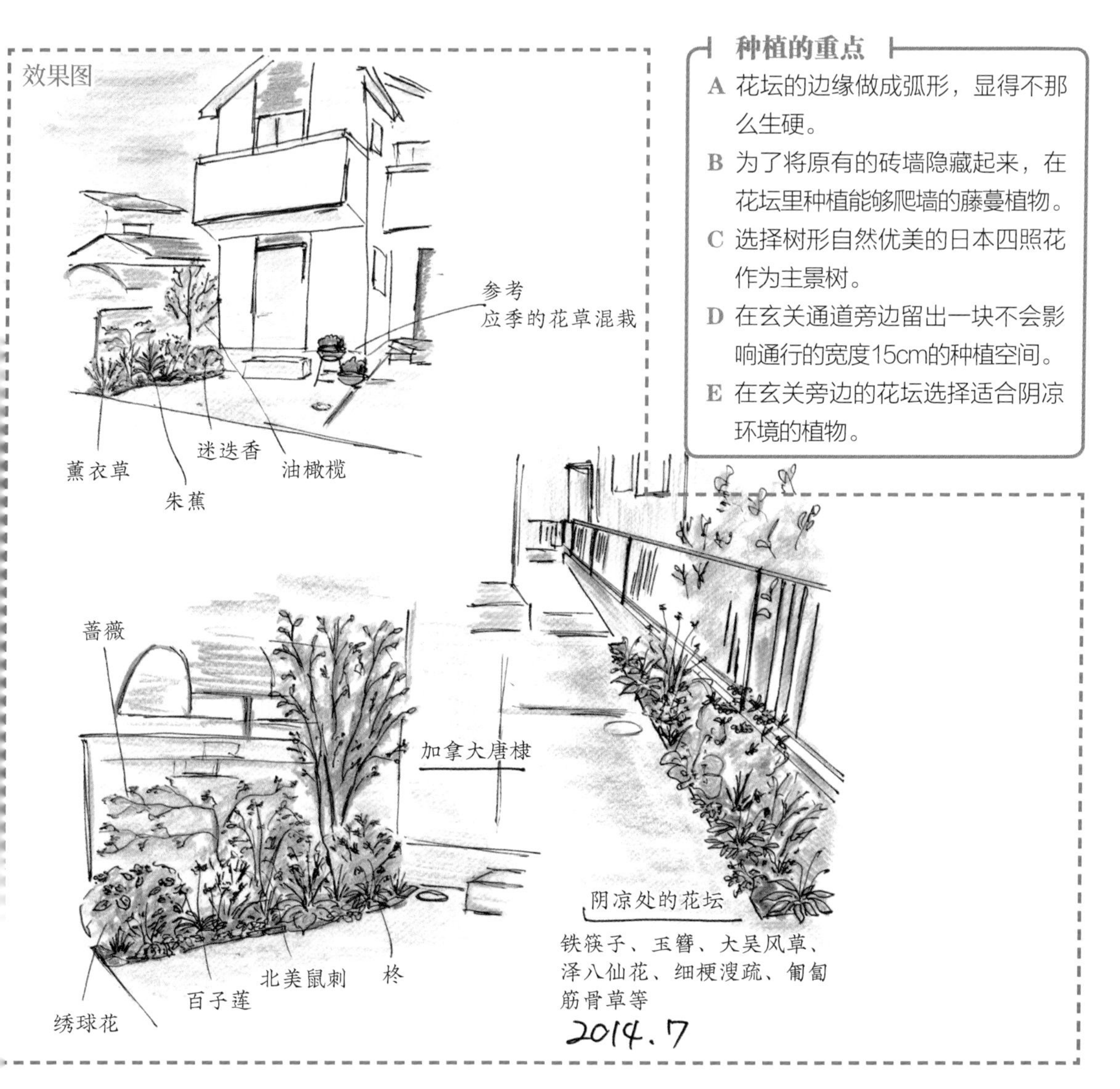

停车场的全景。从道路一侧看去，左侧和右侧都是种植空间。

下页接续➡

实例⑮ 停车场空间的两侧

施工后

种植1年后的初夏，植物都生长得非常茂盛。因为这地方的自然条件非常好，所以植株的茂密程度看起来比实际的花坛要大很多。

种植使用的植物

【弧形的花坛】

日本四照花、湖北十大功劳、绣球花、蔷薇、铁线莲“白万重”、薹草、新西兰麻、迷迭香、薰衣草、北美金丝桃、百子莲、大戟、铁筷子、紫锥菊等。

施工后

围墙前边的花坛在植物刚刚种植下去时的状态。

种植1年后的初夏，即便是宽度只有15cm的花坛，也能凭借丰富的植物显得丰富多彩。

种植使用的植物

【宽度15cm的花坛】

泽八仙花、细梗溲疏、钓钟柳、木贼、灯盏花、铁筷子、大吴风草、玉簪、马来麦冬、疗肺草、匍匐筋骨草等。

施工后

玄关旁边的花坛在植物刚刚种植下去时的状态。

实例16 庭院翻新

这栋房子在修建之初，房主特意修建了一个种有针叶树的庭院，享受绿色植物颜色渐变的乐趣。但多年之后，当初树形优美的针叶树长得越来越大，甚至影响到了庭院的采光，导致地面上的草坪都枯萎了，露出了土地，而且杂草丛生，于是房主委托我对庭院进行翻新改造。

首先，我将4棵针叶树中位于正中间的2棵拔掉。剩余的2棵也进行了修剪。在2棵针叶树之间种植了能够开花和结果的加拿大唐棣，用来遮挡视线。位于针叶树内侧的草坪全部铲掉，换成红砖地面，在落地窗前面加装一段台阶。可以直接坐在台阶上休息，也可以在旁边放上桌子和椅子当作休闲空间。

此外，在针叶树底部用红砖围出一个大花坛。这里有一半向阳，一半是树荫，所以要根据自然条件选择合适的植物。在房屋一侧也修建了一个半圆形的红砖花坛，因为光线充足，所以种植了银果胡颓子和大花三色堇等植物。

施工前

因为被针叶树遮挡了阳光，草坪都枯萎了，露出了土地，而且杂草丛生。

施工前

本来光线很好的庭院，现在只有一部分区域能照到阳光。

种植的重点

- A 将已经无药可救的针叶树果断地拔掉。
- B 将剩余的2棵针叶树进行彻底的修剪。
- C 在常绿针叶树之间种植树形自然优美的落叶树加拿大唐棣。
- D 将草坪的一部分替换成红砖地面，重整成户外客厅。
- E 为了配合房屋整体的现代风格，大花坛和红砖地面都采用直线轮廓。
- F 为一半向阳一半树荫的花坛选择合适的植物。

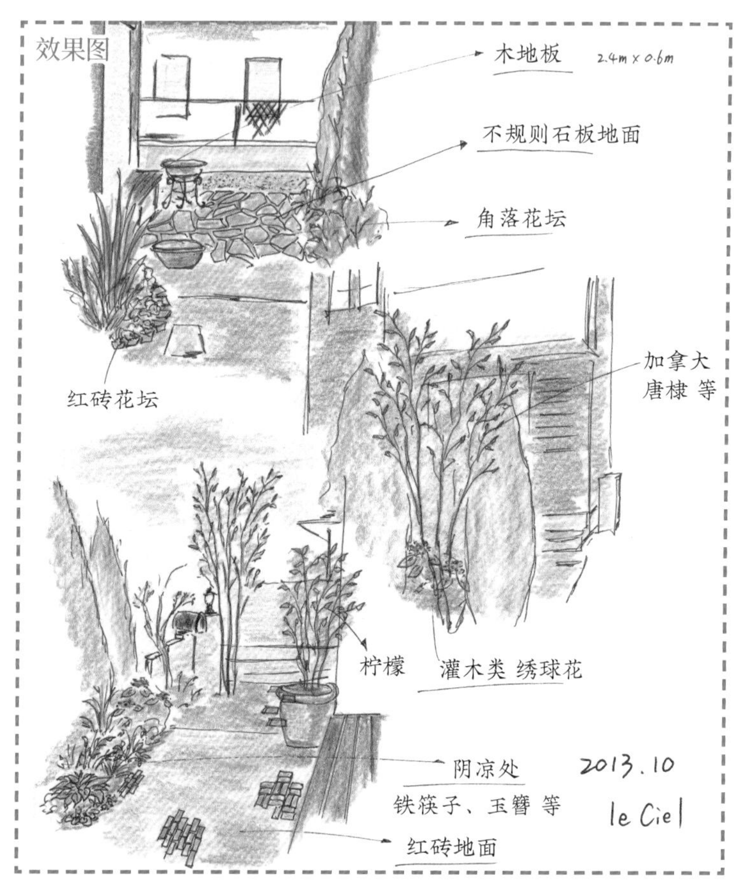

关于户外客厅的地面，提供了不规则石板地面和红砖地面两个建议，房主选择了红砖地面。

施工前

针叶树长得过于茂盛，甚至影响到停车。

下页接续➡

在房屋一侧光线较好的位置新设置一个半圆形的花坛。

种植使用的植物

【半圆形的红砖花坛】银果胡颓子、新西兰麻、香叶天竺葵、大花三色堇等。

在针叶树的底部修建花坛。花坛的边框与红砖地面相配呈直线形，但通过拐角来营造出一些变化。

施工后

将过于茂盛的针叶树彻底修剪，使其树形变得更加漂亮。

种植加拿大唐棣作为主景树，在底部种植耐阴凉的植物。

铲掉草坪的地方换成红砖地面。摆上桌子与椅子就变成了一个户外客厅。

种植使用的植物

【针叶树底部】
银果胡颓子、大花六道木、迷迭香、薰衣草、百子莲、肾形草、玉簪、铁筷子、紫锥菊等。

实例17 用花园灯享受夜晚的景观①

这是一个稍微有些坡度的庭院，房主委托我对已经枯萎的草坪进行翻新改造。首先我用红砖铺设出了平缓的台阶，与起居室前的木地板相连。此外，房主说从公路到玄关的通道很长，晚上的光线比较差，希望能够在庭院里设置路灯。

花园灯有100V和12V的两种，安装100V的花园灯需要有电工资格证，但12V的花园灯就

用红砖铺设出平缓的台阶。旁边设置与花坛中同款的花园灯。

可以随便安装了。将家庭用的100V电源用变压器调低到12V，再准备一根将变压器与花园灯连接起来的电线就可以了。我在庭院里设置了3个花园灯，可以将整条通道都照亮。虽然只有12V，但亮度足够，而且耗电量还很小。变压器有光感功能，可以自动点亮和熄灭，省去了自己开灯的麻烦。使用LED光源还不会吸引小虫子，这也是一大优点。

种植的重点

A 12V的花园灯，不需要电工资格也可以安装。
B 使用变压器将家庭用电转换为12V的电源。
C 使用LED光源，不会吸引小虫子。
D 选择设计精美的花园灯。
E 夜间从室内可以欣赏到花园的美景。

虽然只有12V，但用于夜晚的照明也是绰绰有余。使用不会发热的LED光源，使用寿命大约4万小时，几乎不需要保养。

实例⑱ 用花园灯享受夜晚的景观②

除了需要电线的花园灯之外，还有一种不用连接电源的太阳能灯。在家居卖场里能买到各种风格的太阳能灯，价格也有高有低，可以根据自己的需求进行选择。太阳能灯的优点是不用交电费，但必须放在光线充足的位置，阴雨天气会因为太阳能不足而无法点亮。与照明的功能性相比，太阳能灯更重视装饰性。

第 2 章

从种植到庭院设计

小庭院的种植计划

庭院虽小，但如果没有统一的种植计划，就会导致庭院变成杂乱无章的空间。因此，选择一个合适的种植空间并仔细地制订种植计划非常重要。

制订种植计划的方法

1. 根据庭院的当前情况，总结出想要改善的地方

首先要了解庭院的朝向，把握光照条件，找出最适宜种植的空间。

然后将想要改善的地方罗列出来，比如现有的树木哪些要保留，哪些要砍掉，想要种植什么树木作为主景树等。同样，还要将庭院里想要加装的设置写出来，比如“希望有便于行走的铺装路面”“希望打造一个木地板区作为休闲区域”“靠近马路的区域需要遮挡视线”等。

2. 测量庭院的尺寸

总结出想要改善的地方之后，就需要思考应该如何分配庭院的面积。最好能画出庭院的平面图，将各个区域的尺寸都具体地记录下来。

3. 明确想要实现的效果

当决定具体的分配之后，就要明确最终想要实现怎样的效果，比如是自然风格、现代风格，还是古典风格等。这样在购买资材和植物的时候就能保持整体风格的统一。

4. 准备必要的资材

制订出具体的计划之后，就能够大致了解需要准备多少资材。比如要买多少红砖，要买多少木栅栏等。去家居市场购买相应的资材。

5. 准备必要的植物

根据种植空间的光照条件，列出想要种植的植物清单。按照树木、多年生草本植物、一年生草本植物、藤蔓植物的种类进行区分，选择适合庭院环境的植物。

选择一两棵主景树作为聚焦点，再选择几种与主景树搭配的花草和灌木，营造出整体的平衡感。多年生草本植物最好选择能够从春季到秋季依次开花的品种。应季的一年生草本植物尽量安排在花坛的前面或者花盆里，便于随时更换。

种植的技巧

首先决定作为主角的植物

首先决定出作为主景树的树木以及作为主角的花草，就能自然而然地找到与之搭配的其他植物。只要适应庭院的光照条件，可以选择自己喜欢的任意品种。

落叶树与常绿树的搭配组合

如果选择落叶树作为主景树的话，冬季因为树叶都会掉光就显得有些冷清。因此可以选择几种常绿灌木与之搭配。常绿灌木在夏季的存在感比较弱，但在冬季就会成为主角，建议选择一些叶片的颜色丰富和形态比较优美的品种。多年生草本植物也一样，选择落叶和常绿的混搭组合效果最佳。

选择与主角颜色相称的花色和叶色

决定了主角之后，选择花色和叶色与主角相称的植物就能营造出统一感。此外，在暖色与冷色的对比色之间加入白色或者红黑等亮度有差异的花色，可以产生引人注目的效果。

选择不同的形态作为对比

植物叶片的造型多种多样，有像玉簪那样叶片很大的，有像新西兰麻那样叶片细长呈放射状的，有像大吴风草那样圆形叶片的，有像百里香那样叶片小且紧密的，也有像细裂银叶菊那样拥有纤细质感的。选择不同形态的植物作为对比，就能让庭院在花期之外的时期也能富有变化。

用彩叶植物给庭院增光添彩

彩叶植物指的是拥有美丽叶色的植物，翠绿色、黄色、橘红色、紫红色、茶色、黑色、白色、黄色斑纹等，彩叶植物的种类十分丰富，种植彩叶植物能够使花坛的花草更加生动。

利用墙壁引入藤蔓植物

如果有围墙和栅栏，可以在底部种植藤蔓植物，增加墙壁的绿化。生机盎然的藤蔓植物能够给庭院增加跃动感。如果墙面比较宽阔，可以混合种植2~3种藤蔓植物，产生相互纠缠在一起的效果。

通过施工草图明确具体的风格

除了平面图之外，还可以通过立体的施工草图将庭院的效果更加具体地表现出来。不擅长画图的人可以直接拍摄庭院的照片，然后在照片上进行修改。因为准备施工草图的目的是让施工方更准确地把握整体效果，所以不用画得太逼真。

如果有参考资料和注意事项的话，可以将这些信息也贴在施工草图上，在正式开始施工之前尽可能地将种植计划明确下来。

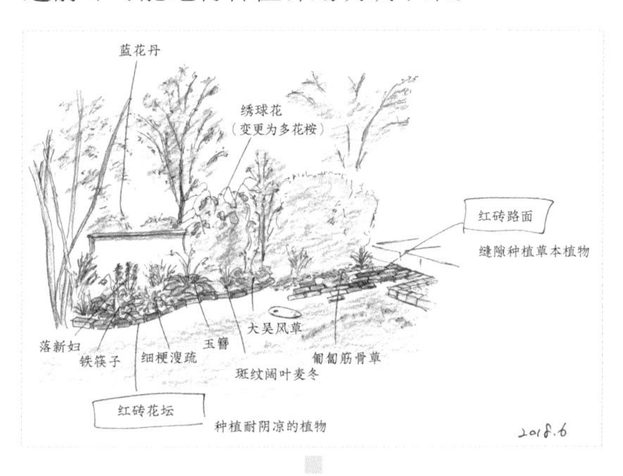

以照片为基础绘制施工草图，在上面标记“红砖铺成××形”“这个植物种植在这里”之类的详细内容。关于上述实例请参见28~31页。

小庭院的装饰品

利用欢迎板、花台和墙面营造出一个充满立体感的庭院空间吧。此外还会为大家介绍种植空间狭小的情况下混栽的方法。

欢迎板

这是利用木板做成的招牌风格的欢迎板。顶部用金属折页固定，即便是初学者也能顺利制作。将小花盆挂在欢迎板上就能做成一个立体的摆设，可以装饰在玄关等比较小的空间里。可以将欢迎板涂成自己喜欢的颜色，还可以在上面写上“Welcome”等文字，设计出只属于自己的欢迎板。

01
准备两片结实耐腐蚀的柏木板。

02
在木板表面刷上清漆，提升防腐性能。刷漆时注意通风。

03
刷漆时准备一个刷大面积的大毛刷和一个刷细节部分的小毛刷，可以使工作更加便捷。

04
背面和侧面也要一点不漏地全部刷漆。整个刷两遍漆之后晾干。

05
等清漆干透之后，在顶部画出安装金属折页的位置，然后进行安装。

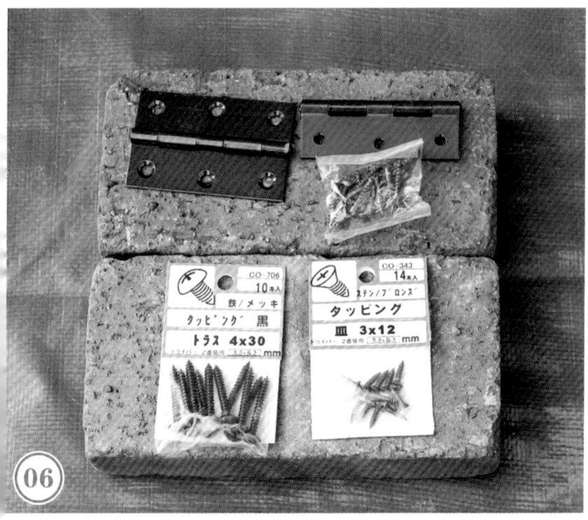

在家居卖场可以买到金属折页和螺丝钉。

用电钻开螺丝孔。

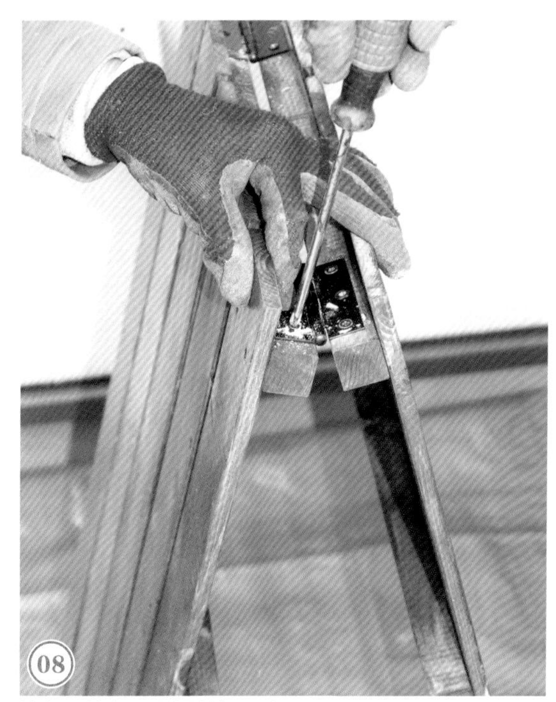

将折页放好后用螺丝钉固定。

两片木板拼接好之后的状态，在背面加一段木板加固可以使欢迎板更加结实。

下页接续➡

在欢迎板的一面加装铁架。

安装铁篮。

将装饰摆件、混栽的植物、小花盆等摆在上面。

拧入螺丝钉，安装吊篮。

装饰实例。

因为是立体的装饰，非常适合狭小的空间。

红砖花台

这里为大家介绍用红砖垒出的3种花台。只是单纯地将花盆摆在一起，会显得有些死板，缺乏变化，但如果利用花台制造出高低差，就能让主角和配角错落有致。除营造立体感外，还能创造出比实际更有纵深感的视觉效果。在摆放应季花朵以及混栽的花盆时，充分利用花台能够起到非常好的作用。

第一种花台。使用装饰用的薄红砖。

单纯将红砖垒起来的话，有坍塌的危险，所以要用混凝土胶将红砖黏合到一起。

在中间留出排水口。

铺设底板，用混凝土胶将红砖固定。根据实际情况调整高度。

使用的红砖越多，花台的重量越重，最好直接在选定的位置垒出花台。

第二种花台。只需要垒出3块红砖，然后在上方摆一块厚板即可。

第三种花台。将4块红砖错开摆在一起。这个也非常简单！

摆放上花盆之后，因为有高低差的变化，所以看起来更加漂亮。花盆的材质和设计也要保持统一。混栽的方法请见下页。

这里为大家介绍3种混栽的方法。选用的花盆虽然看起来像是陶瓷的，但实际上是轻便的树脂花盆。现在的树脂花盆比以前的树脂花盆生产工艺进步了许多，不但更加结实，而且设计更加美观。

在选择混栽的植物时，要选择光照条件一致的植物，比如都喜阳的，或者都喜阴的。首先决定作为主角的植物，再考虑花色、叶色、造型等与之搭配的植物，这样更容易营造出统一的效果。

01
准备托盘、铲子、花盆等。

02
陶瓷风格的花盆其实是树脂花盆，虽然体积很大，但重量很轻，而且不易破碎。

03
按照赤玉土5、泥炭土2、腐叶土2、蛭石0.5、珍珠土0.5的比例混合土壤。然后按照土壤的重量等比例加入缓释肥和防虫药，搅拌均匀。不想用农药的话，可以不放防虫药。

04
在花盆中铺一层盆底石，然后将土壤放入花盆中。

05
将准备种植的植物连盆一起摆在花盆里，调整位置。

将植物种在花盆里。如果有杂草和枯叶，要及时清理干净。

让土壤将植物的根部完全包裹起来，将土壤压实。

混栽植物完成。决定了作为主角的植物之后再挑选作为配角的植物，就能营造出统一感。

选择用粉色的麟托菊作为主角。

白色花瓣带着一点点淡紫色的三色堇。

作为点缀的深红色三色堇。

大戟“黄金彩虹”苍绿的叶片上有黄色和红色的斑纹。

充分利用墙面

现有的栅栏和墙壁，可能与庭院的氛围不符。这时，可以用藤蔓植物将栅栏和墙壁遮挡起来，消除不协调的感觉。只要在栅栏和墙壁上设置一些攀爬点，适应光照条件的藤蔓植物就会自然而然地攀爬上来。选择2~3种不同的藤蔓植物进行搭配，还能创造出一些变化。当藤蔓植物将栅栏和墙壁完全覆盖之后，反而会有一种郁郁葱葱的感觉，所以要让藤蔓植物在上方探出一定的高度，起到进一步阻挡视线的作用。

用藤蔓植物遮挡旧围墙的实例。

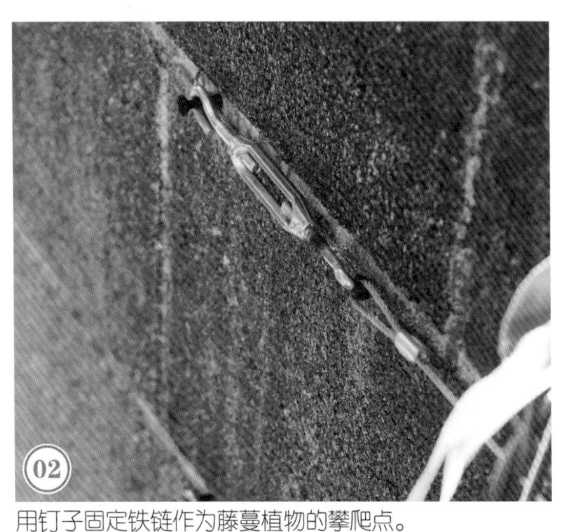

用钉子固定铁链作为藤蔓植物的攀爬点。

选择具有一定强度的铁链，这样才能将藤蔓植物牢牢地支撑起来。

铁线莲、日本南五味子、忍冬等藤蔓植物让围墙也显得生机盎然。

门牌前的小空间

玄关正对着道路的住宅，为了不让外人在路上就能将自家的院子和玄关一览无余，都会设置一个用来挂门牌和邮箱的多功能围墙。在这个围墙的下方设置一处种植空间，会使得外景更加漂亮。只要种植空间的宽度大于15cm，就可以种植灌木、藤蔓植物、彩叶植物等。

在围墙下开辟出一块宽15cm的种植空间。

种植紫色的鼠尾草、粉色的迷你蔷薇、迷你紫罗兰、彩叶植物等。

在室内观赏庭院中的植物

如果没有太多的时间去庭院里观赏花朵，也可以将新鲜的花朵和嫩绿的枝叶剪下来作为室内的装饰。适当的修剪还可以调整植株的造型，有助于植株长出新枝和新芽。

花园灯

虽然容易被忽视，但花园灯其实也是展现庭院个性的绝佳道具。花园灯具有许多功能，可以照亮门牌，照亮道路，还能加装传感装置防止外来者侵入。即便不考虑上述功能，如果能够用花园灯在夜晚将自己喜欢的庭院照亮，在拖着工作了一天的疲惫身体回到家时，看到这温暖的灯光也会使身体和心灵都得到治愈吧。

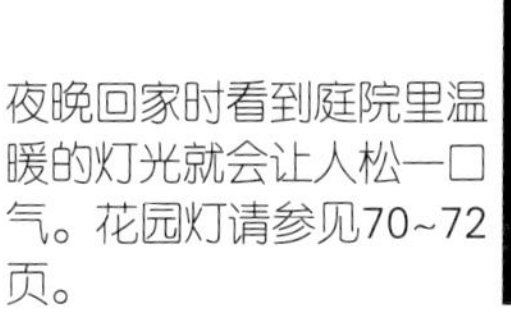

夜晚回家时看到庭院里温暖的灯光就会让人松一口气。花园灯请参见70~72页。

庭院建设的工作

这是一个长10m、宽1.2m的空间，房主希望在卧室窗外的一角设置一个花园，然后将其余的地面铺上地砖便于通行。这片空间的南侧是房屋，旁边有很高的围墙，房屋2层还有阳台，所以光线非常昏暗，只有东侧能够在建筑的缝隙中透过一点光亮。

根据房主的要求，我在宽约3m的落地窗前设置了一个种植空间。用耐火红砖铺设地面，并且在围墙上加装了木栅栏，增添一些温馨感。选择了房主喜欢的加拿大唐棣作为主景树，搭配北美鼠刺、泽八仙花、湖北十大功劳、金边瑞香等在阴凉处也能生长的灌木。

花草以多年生草本植物为主，选择了拥有美丽颜色的彩叶植物和在阴凉处也能开花的植物，给这片空间增添一些明亮的色彩。

玄关门牌旁边的种植空间是北向接触不到阳光的场所。但因为挨着道路，所以属于明亮的阴凉处。

此处选择油橄榄作为主景树，底部搭配迷迭香、百里香以及香叶天竺葵等有香气的植物。

周围的建筑严重遮挡了光线。

此处原有一个用来给植物浇水和清洁用的水龙头与排水设施。

隔壁的院墙很高，遮挡光线。

从室内向外望去，紧挨着院墙，很有压迫感。

效果图

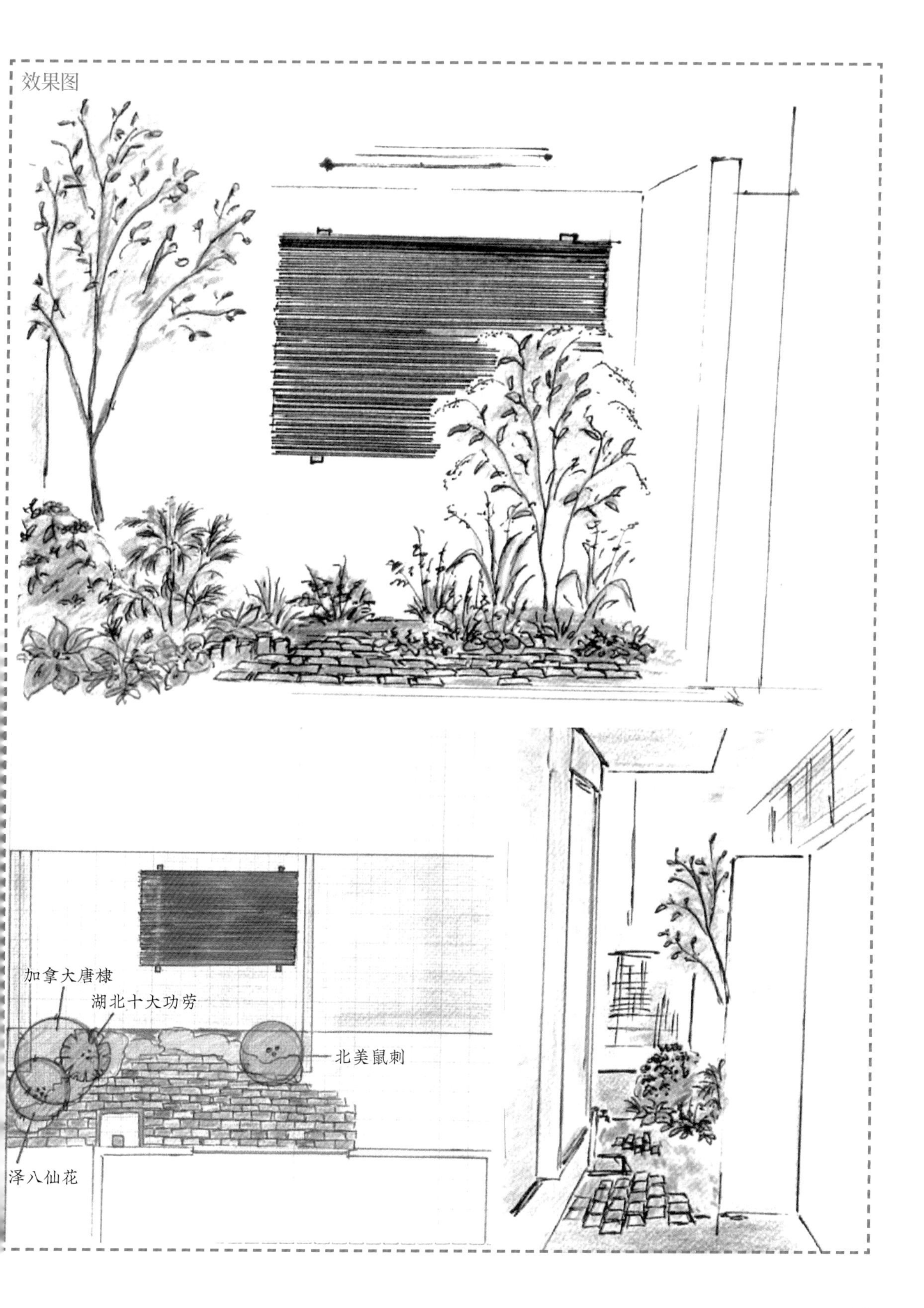

铺设红砖

在铺设红砖之前，需要先用沙土平整地面，这样在铺设红砖时更容易找平，同时还有提高排水性的效果。沙土的厚度在3cm左右。本示例中的庭院大约需要5袋沙土（每袋20kg）。

将沙土踩实，然后一边用木棒平整沙土，一边铺上红砖。使用水平仪的话，会使工作进展得更加顺利。

红砖地面的高度以地面上原有物件的高度为准。铺设时需要将红砖错开，但这样一来，在碰到其他物体时就会出现空隙。专业人士会切断红砖来填补缺口，但初学者自己铺设红砖时很难切出准确的大小，不妨直接留出空位，作为种植应季花草的空间。

如果红砖上有文字或花纹的话，将其按照一定的规律铺设，可以营造出统一感。

红砖铺设完毕。这个空间总共使用了150块红砖。轮廓不要做成直线，而是留出一些凹凸的变化，这样从视觉效果上显得更加宽阔。

06

用铁棒敲打红砖的边缘使其固定。

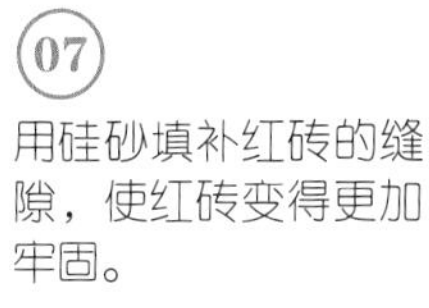

07

用硅砂填补红砖的缝隙，使红砖变得更加牢固。

在围墙上加装木栅栏

01 根据准备的资材，在围墙上事先画出安装孔洞的位置。

02 用电钻在围墙上打出孔洞。

03 用钉子将第一根木棍的上部固定在围墙上。

04 利用水平仪将第一根木棍保持与地面垂直，然后用钉子将其完全固定。

05 第二根木棍保持与第一根木棍同样高度，平行固定在围墙上。

06 同样利用水平仪将第二根木棍保持与地面垂直并完全固定。

下页接续➡

从最上方开始安装木板（15mm×18mm）。安装木板时要注意间距保持一致。

为了保持木板左右两端都在同一条直线上，可以在一侧用一根与地面垂直的木棍作为基准。

有的木板本身也会有一些弯曲，需要对其进行调整。

木栅栏的下方就是种植空间，水会加速木板的腐蚀，所以木栅栏与下方要保持一些距离。

木栅栏完成。用木头的质感来消除围墙冰冷的印象。

土壤与基肥

在种植空间里撒上堆肥，改良土壤。添加有机质的资材可以使土壤变得松软。

使用缓释肥作为基肥。

03 为了防治害虫，在土壤中混入杀虫剂。

04 用铲子将土壤搅拌均匀。

种植植物的准备

01 首先将植物连带花盆一起摆在种植空间，调整位置。

02 决定作为主角的植物后，选择与之搭配的花草。

湖北十大功劳。

北美鼠刺。

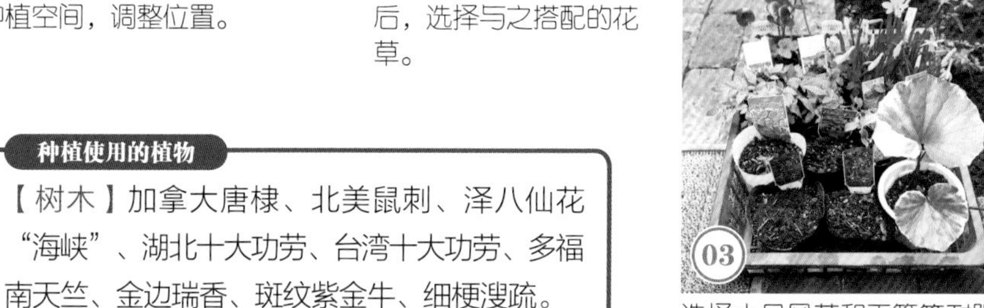

03 选择大吴风草和玉簪等耐阴凉的植物。

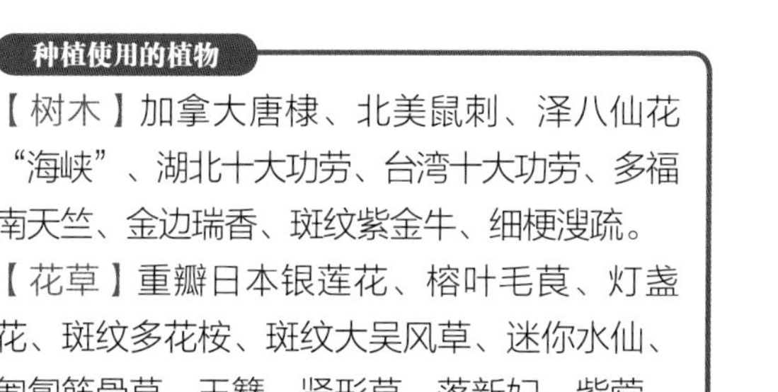

种植使用的植物

【树木】加拿大唐棣、北美鼠刺、泽八仙花“海峡”、湖北十大功劳、台湾十大功劳、多福南天竺、金边瑞香、斑纹紫金牛、细梗溲疏。

【花草】重瓣日本银莲花、榕叶毛茛、灯盏花、斑纹多花桉、斑纹大吴风草、迷你水仙、匍匐筋骨草、玉簪、肾形草、落新妇、紫菀、斑纹阔叶麦冬。

【原有植物】铃兰、铁筷子。

04 细梗溲疏、金边瑞香、紫金牛等灌木起到连接树木与花草的作用。

种植植物

从作为主景树的加拿大唐棣开始种植。

然后种植与之搭配的湖北十大功劳和北美鼠刺。

将灌木与花草连同花盆一起摆放在花坛里调整位置。

决定整体的配置之后，将植物种植到花坛里。

在种下加拿大唐棣之后需要用支柱将其撑起，防止倒伏。

所有的树木、灌木、花草都已经种植完毕。看起来已经有了生机盎然的感觉。

唯一有光线的角落，将主景树加拿大唐棣种植在这里。春季的时候会开出美丽的白色花朵。初夏能够收获果实，晚秋可以欣赏红叶。

拥有美丽红叶的北美鼠刺。

拥有纤细叶片的湖北十大功劳，前面搭配斑纹大吴风草。

植物都种好之后给植物浇水。

从早春开始开花的迷你水仙。

冬季树叶会变红的常绿树多福南天竺。

在阴凉处也能茂盛生长的落新妇。

拥有明亮斑纹叶片的金边瑞香和与之形成鲜明对比的肾形草。

种植了耐阴凉植物的花园完成。种植植物给庭院营造出了纵深感和立体感，看起来比之前更宽阔了。

从室内向外看

用红砖地面和种植区域将庭院分区，使庭院看起来更加整洁。

随着植物的生长，植株将红砖的边缘隐藏起来，看起来更加自然。

拥有柔软枝条的树木凸显立体感。

在光线差的地方种植喜阴的日本生姜，7月左右可以收获果实。

木栅栏上可以爬藤蔓植物，挂吊篮或者小装饰，让庭院看起来更加漂亮。

种植约半年后的状态。植物生长茂盛，加拿大唐棣也长出了红红的果实。

门牌前的小空间

施工中的画面。与房主沟通时，对方要求在玄关前设置一个种植空间。

02

将花坛中的土挖出来，混入堆肥、缓释肥、杀虫剂并搅拌均匀。

设置在门牌旁边的长32cm×宽30cm的种植区域。用红砖垒起了2层，因此可以在里面放入种植土。

将主景树油橄榄种在中心位置，周围搭配铁筷子（立株）、斑纹阔叶麦冬、百里香（匍匐）、帚石楠、银旋花等。

05

将所有的植物都种植下去，完成。

第 3 章

适合狭小空间的植物图鉴

油橄榄
Olea europaea

向阳 / 喜欢排水性较好的土壤

木樨科

既能欣赏银绿色的叶子，也能享受开花和果实。只能承受零下3~5℃的低温。可以在日本关东以西地区户外栽培。油橄榄的根部较浅，容易因强风而倾斜，所以在种植后可以用支柱来帮助定型。油橄榄难以抵御冬季干燥的寒风，需要做好防风管理。由于油橄榄生长速度较快，树形容易变得杂乱，每年都要进行修剪。如果想要收获果实，可以种植两个或多个不同的品种，提高授粉率。

基础数据
原产地：小亚细亚、地中海沿岸 / 树高：6~10m

种植期3—4月、9—10月　施肥3月、9月　花芽1—2月　花期5—6月　结果10—11月　修剪2月

含笑
Michelia figo

向阳、明亮的阴凉处 / 喜欢稍微潮湿的土壤

木兰科

含笑的花朵直径大约3cm，散发出甜美的香气。花瓣边缘有略带粉红色的奶油色或红色紫色。怕冷，只能在日本关东以西户外栽培。种植时要避开夕照太阳的区域。含笑不喜欢移植，所以种植时就要选好场所。含笑喜欢潮湿的土壤，在盛夏干燥的情况下要及时浇水。含笑的树形能够自然调整，修剪时只需要减掉徒长的树枝和拥挤的部分即可。

基础数据
原产地：中国 / 树高：3~5m

种植期3月、9月　施肥2—3月、6—7月　花芽8月　花期5—6月　结果9—10月　修剪6月中下旬

山月桂

Kalmia latifolia

向阳、明亮的半阴处／喜欢保水性、排水性较好的土壤

杜鹃花科

像金平糖一样的花蕾十分可爱，花朵也非常华丽，所以作为花木很受欢迎。花色有红色、粉红色、白色、棕色等。山月桂不喜欢移植，所以种植时就要选好场所。山月桂的根很细，伸展在浅层土壤中，因此难以耐受盛夏的炎热和干燥。可以在支柱根部铺上木屑等防止干燥并及时浇水。开过的花要及时剪掉，不但能减少消耗植株的养分，还能促使其发出新芽。修剪时要将拥挤的部分剪掉，保持良好的通风。

基础数据

原产地：北美洲东部／树高：1~4m

种植期2月下旬至5月、9—10月　施肥7月　花芽7—8月　花期5月中旬至6月　结果10月　修剪11月

金柑

Fortunella spp.

向阳／喜欢保水性、排水性较好的土壤

芸香科

从树苗开始培育，到结果需要2~4年的时间。金柑不耐寒，适宜种植的区域在日本关东南部以西。金柑整个夏季都会反复绽放出白色的小花，有3~4次开花高峰期。到了冬天结出的果实可以连皮一起吃。要想获得饱满的果实，需要将9月之后结出的果实摘掉一半左右。金柑的树形比较紧凑，需要剪掉拥挤的部分，使阳光能够照射到内部。园艺品种无刺，易于栽培。

基础数据

原产地：中国／树高：2m

种植期3月下旬至4月中旬、10—11月　施肥2月、10月　花芽6月　花期7—8月　结果12月至次年3月上旬　修剪2月下旬至3月

香桃木

Myrtus communis

向阳 / 喜欢排水性较好的土壤

桃金娘科

香桃木具有独特的香气，常被用于烹饪、化妆水以及芳香疗法等。香桃木喜欢阳光和排水性较好的肥沃土壤，但即便阳光不好也能忍受。在寒冷地区种植的话，需要种在花盆里，便于冬天时转移到室内。香桃木坚固结实，造型紧凑，几乎不需要修剪，如果因为生长过度而造型杂乱，可以在开花后适当剪切，给枝条留出空隙。

基础数据
原产地：地中海地区 / 树高：1~3m

● 种植期3—4月 ● 施肥2—3月 ● 花芽8月 ● 花期5—7月 ● 修剪6月至7月下旬

月桂

Laurus nobilis

向阳、明亮的半阴处 / 喜欢保水性、排水性较好的土壤

樟科

干燥的月桂叶子也被称为香叶，可以在烹饪时增加料理的香气。春季开出小小的淡黄色花朵的样子非常可爱。雌雄异株，在日本市场上出售的几乎都是雄木。原本是在温暖地区自然生长的植物，因此耐高温，同时也能耐受零下8℃左右的低温。种植时要尽量选择不会被寒风吹到的地方。月桂的萌芽力很强，当分枝比较拥挤时，需要适当稀疏修剪，保持通风良好。但冬季时修剪会使树木虚弱，所以尽量不要在冬季修剪。

基础数据
原产地：地中海沿岸 / 树高：0.5~5m

● 种植期4—5月、9—10月 ● 施肥1—2月、8—9月 ● 花芽9—10月 ● 花期4—5月 ● 结果10月 ● 修剪4—5月、10—11月

光蜡树
Fraxinus griffithii

向阳、明亮的阴凉处 / 喜欢保水性、排水性较好的土壤

木樨科

随风摇曳的柔软质感的叶子很有魅力。初夏会开出满满的白色花朵，秋天会结出像豌豆一样的果实。光蜡树的耐寒性比较差，适合种植在日本关东南部以西的温暖地区。虽然是常绿植物，但冬天有时会掉叶子。生根后生长速度加快，枝叶很快就会变得非常茂密，所以除了隆冬时节，需要随时修剪，保持树形。因为光蜡树在枝尖开花，所以在花芽形成后修剪时要注意。

基础数据
原产地：日本、中国、菲律宾 / 树高：10m

种植期4—5月、9—10月　施肥2月　花芽3—4月　花期5—6月　结果10—11月　修剪3—12月

香港四照花
Cornus hongkongensis

向阳、明亮的阴凉处 / 喜欢保水性、排水性较好的土壤

山茱萸科

当春季其他植物的花期相继结束时，香港四照花就会绽放出清爽的白花，非常引人注目。到了秋季，又圆又红的果实挂在枝头的样子也很可爱。香港四照花不耐寒，适合种植在日本关东北部以西。虽然在明亮的阴凉处也会生长，但花数会减少。因为不耐干旱，所以在盛夏持续晴天的情况下需要及时浇水，最好用木屑等覆盖植株根部来防止干燥。香港四照花的长势很猛，因此每年都要剪掉拥挤的部分，保持漂亮的树形。

基础数据
原产地：中国 / 树高：5~10m

种植期2—3月、10—11月　施肥2月、8月　花芽8月　花期6月　结果10月　修剪11月至次年2月

具柄冬青

Ilex pedunculosa

向阳、明亮的阴凉处 / 喜欢保水性、排水性较好的土壤

冬青科

具柄冬青拥有质感轻盈的叶子，叶子相互摩擦发出的沙沙声令人心情愉悦，是很受人欢迎的常绿树。初夏会绽放出白色的小花。雌雄异株，雌树在秋天会结出鲜红的圆果，十分可爱。如果将雌树和雄树种植在一起，就能结出更多的果实。具柄冬青不耐寒，适合种植在日本关东以西。因为其生长缓慢，能够自然地调整树形，所以不需要频繁修剪，只有在感觉树形杂乱时，趁冬天剪掉不必要的树枝、拥挤的树枝和伸长的树枝等。因为花芽长在新梢上，所以即使在初春修剪也不影响结果。

基础数据

原产地：日本、中国 / 树高：5~8m

种植期5月、9月　施肥2月　花芽4—5月　花期6—7月　结果10月　修剪11—12月

灰木

Symplocos myrtacea

向阳、明亮的阴凉处 / 喜欢保水性、排水性较好的土壤

山矾科

春天会开出许多带有稍长花蕊的白花。秋天会结出黑色的果实，能够吸引鸟儿前来啄食。细长的树枝从地面竖起呈立株状，纤细的树形很有魅力。因为叶子很密，所以也可以用来遮挡视线。灰木不耐寒，适合种植在日本南关东以西。因为其生长缓慢，能够自然地调整树形，所以只需剪掉拥挤的部分，修剪到通风的程度即可。将旧的树枝从根部剪断，让新的树枝长出来，就能保持漂亮的树形。

基础数据

原产地：日本 / 树高：5~10m

种植期4—5月　施肥2月　花芽7—8月　花期4—5月　结果8—10月　修剪12月至次年2月

菲油果树

Acca sellowiana（*Feijoa sallowana*）

向阳、明亮的阴凉处／喜欢保水性、排水性较好的土壤

桃金娘科

菲油果树拥有漂亮的银绿色叶子。初夏绽放出带有长长花蕊的粉红色花朵是其最大的特征。菲油果属于热带水果，在晚秋时节能够收获到这种甜蜜的果实。但菲油果树的自结果性很弱，所以想要收获果实需要组合种植不同的品种并进行人工授粉。菲油果树从温带到亚热带都有分布，能够耐受零下10℃的低温。当树木长成之后，需要适时对拥挤的部分进行稀疏修剪，保持通风良好。

基础数据

原产地：乌拉圭、巴拉圭、巴西南部／树高：2~3m

种植期3月下旬至4月中旬　施肥2月　花芽8—9月　花期5月下旬至6月　结果10月下旬至12月中旬　修剪3月至4月中旬

红千层

Callistemon spp.

向阳、明亮的阴凉处／喜欢排水性较好的土壤

桃金娘科

红千层会开出形状非常独特的红色花朵，外形像刷子一样。千层的种类十分丰富，也有粉红色、白色等花色。在明亮的阴凉处也会生长，但花数会减少。红千层具有耐热、耐干燥的性质，但不耐寒，适合种植在温暖的区域。但即便在温暖的地区，被寒风吹过也会使叶子受到损伤，所以需要注意。因为8月会有花芽，如果要修剪的话就要在开花后立即进行。虽然即便不进行修剪，树形也会自己调整，但因为树枝会伸得很长，所以需要将开花枝在分杈的部分剪短。

基础数据

原产地：澳大利亚、新喀里多尼亚／树高：2~5m

种植期4—9月　施肥5月下旬至6月、9月　花芽8—9月　花期5—6月　修剪6月下旬至7月上旬

贝利氏相思树

Acacia baileyana

向阳 / 喜欢排水性较好的土壤

豆科

贝利氏相思树作为一种彩叶植物，其银绿色的美丽叶色具有极高的观赏价值。春天盛开的黄色花朵也同样值得欣赏。作为豆科植物，树上会结出带有种子的豆荚。贝利氏相思树不耐寒，适合种植在日本关东以西。因为其不喜欢移植，所以在种植时要选好场所。其根很浅，很容易被强风吹倒，在种植的前几年最好用支柱进行加固。贝利氏相思树生长很快，需要每年进行修剪，避免其长得过大。

基础数据

原产地：澳大利亚东南部 / 树高：5~15m

种植期5—6月　施肥4月　花芽8—9月　花期3月　结果5—6月　修剪5—7月

桉树

Eucalyptus

向阳、明亮的阴凉处 / 喜欢排水性较好的土壤

桃金娘科

桉树明亮的银色叶色具有很高的观赏价值。目前人类发现的桉树品种大约有600种，不同种类的耐寒性也有所不同，购买时最好仔细确认标签上的信息。桉树大多耐热和干燥。因为不喜欢移植，所以在种植时要选好场所。桉树在原产地据说能长到60米，在日本也能长到4~5米。如果不想让植株长得太大就要经常修剪，使其保持优美的树形。

基础数据

原产地：澳大利亚东南部 / 树高：5~60m

种植期5—8月　施肥4—8月　花芽、花期、结果 不同品种有所不同　修剪3—5月、9月

香橙

Citrus junos

向阳 / 喜欢保水性、排水性较好的土壤

芸香科

香橙树在初夏时会开满小小的白色花朵。花朵有甜美清爽的香气。香橙果实可以用于烹饪和制作甜品等。香橙的耐寒性极强，可以在日本东北地区南部的庭院中越冬，即便是园艺初学者也很容易培育。香橙的树形笔直，当树高达到目标时应该将顶部剪掉抑制高度。香橙树的长势很猛，需要定期剪掉徒长的树枝和拥挤的树枝。7月上旬左右结果，看果实颜色有八分左右变黄就可以采摘。

基础数据

原产地：中国 / 树高：3~10m

种植期 3—4月、10月至11月上旬　施肥 3月中旬至7月、9—10月　花芽 1月至3月上旬　花期 5月中旬至6月上旬　结果 9月至12月中旬　修剪 12月至次年2月

柠檬

Citrus limon

向阳 / 喜欢保水性、排水性较好的土壤

芸香科

柠檬树在5~10月都会周期性开花，初夏是最花繁叶茂的时候，会开出芳香的白色花朵。到了冬季，可以按照果实变黄的顺序收获。柠檬的耐寒性较弱，适合种植在日本东京以西太平洋一侧的温暖地区。在夏天晴天持续干燥的情况下，需要及时浇水。柠檬树的枝条上有刺，如果趁柔软的时候将其剪下会更加易于管理。夏天之后长出的小果要及时摘除。柠檬树的枝条生长旺盛，需要对拥挤的部分进行修剪。

基础数据

原产地：印度 / 树高：2~4m

种植期 3月下旬至4月中旬　施肥 3月、6月、11月　花芽 12月　花期 5月中旬至下旬　结果 11月下旬至次年3月中旬　修剪 3月至4月下旬

日本小叶白蜡

Fraxinus lanuginosa

向阳、明亮的阴凉处／喜欢保水性、排水性较好的土壤

木樨科

杂木庭院里必不可少的落叶树，特别是枝干纤细的立株种最受欢迎。初夏白色的小花聚集在一起绽放，像是蒙着雪的样子。秋天有很多长2~3cm的豆荚般的果实。雌雄异株，有雄树和雌树，只有雌树会结果实。生长在日本北海道到九州的山区，耐热耐寒，即便是园艺初学者也很容易养育。树形能够自然调整，只需要将拥挤的部分以及徒长枝和多余的树枝剪掉即可。

基础数据

原产地：日本、朝鲜半岛／树高：10~15m

种植期4—5月、9—10月　施肥3月、11—12月　花芽3—4月　花期5—6月　结果10—11月　修剪11—12月、次年3月

野茉莉

Styrax japonica

向阳、明亮的阴凉处／喜欢保水性、排水性较好的土壤

安息香科

初夏会绽放出悬挂着的白色或粉红色小花，盛开时会挂满枝头，非常漂亮。从秋天到冬天都会结出白色的果实，会吸引各种各样的野鸟到来。但这些果实味道不佳，不适合人类食用。野茉莉从北海道到西南诸岛都可自然生长，耐高温严寒，园艺初学者也很容易培育。自然的树形就很有魅力，只需要将拥挤的部分以及徒长枝和多余的树枝剪掉即可。

基础数据

原产地：日本、朝鲜半岛、中国／树高：8~15m

种植期11月至次年2月　施肥1—2月、6月下旬至7月上旬　花芽7—8月　花期5—6月　结果10月　修剪12月至次年2月中下旬

粉团

Viburnum plicatum* var.*plicatum

向阳、明亮的阴凉处／喜欢保水性、排水性较好的土壤

五福花科

日本野生粉团的园艺品种。初夏，小花聚在一起仿佛白色的雪球，几乎覆盖整个树枝。树形以横向扩展的方式延伸成大株。花芽在夏季出现于当年枝的叶腋处，在第二年春天短枝伸长后在前端开花，所以修剪要在开花后立即进行，在当年枝头4~5mm的位置剪掉开花枝。如果不修剪，随着时间的推移，开花的位置就会不断上升，无法保持漂亮的树形。在冬季时修剪旧树枝和拥挤的树枝。

基础数据
原产地：日本、中国／树高：2~4m

种植期3—4月　施肥2月、6月上中旬　花芽7—8月　花期5月　修剪5月下旬至6月上旬、11月至次年2月

槭树

Acer

向阳／喜欢保水性、排水性较好的土壤

无患子科

秋季可以欣赏红叶与黄叶，春天会绽放出小小的红花。自古以来就是庭院栽种的常客，有很多品种，可以尽情享受选择的乐趣。种植场所最好选择能够让阳光充足地照射在树冠上，树干和根部在半日阴的地方。如果盛夏持续干燥会导致叶子受损，需要及时浇水补充。修剪时可以充分利用自然的树形，只剪掉不必要的树枝和拥挤的部分。槭树的休眠期很短，1月树液就开始活动，所以修剪应该到12月结束。

基础数据
原产地：北半球的温带地区／树高：8~10m

种植期10—11月　施肥2月　花期4—5月　熟期9—10月　修剪11—12月

木瓜 / 榅桲

Chaenomeles sinensis / Cydonia oblonga

向阳、明亮的半阴处 / 喜欢保水性、排水性较好的土壤

蔷薇科

木瓜和榅桲都在秋天结果实，因为两者外表相似，所以容易被混淆。木瓜的叶片边缘有细小的切口，树皮会脱落，果实无毛。榅桲的叶子边缘光滑，树皮不脱落，果实有细密的毛。可以通过上述差异来加以区分。另外，如果想收获果实的话，木瓜只需要种植一棵就能结果实，但榅桲很难自体授粉，所以需要种植多个品种。木瓜和榅桲都耐寒耐热。修剪时因为长枝上没有花芽，所以可以剪短到三分之一的程度。

基础数据
原产地：中国（木瓜）、中亚（榅桲）/ 树高：3~8m

● 种植期2月至3月上旬、11月下旬至12月 ● 施肥2月、9月 ● 花芽7—8月 ● 花期4月中旬至6月 ● 结果9月中旬至11月 ● 修剪12月至次年2月上旬

白棠子树

Callicarpa dichotoma

向阳、明亮的阴凉处 / 喜欢保水性、排水性较好的湿润土壤

唇形科

白棠子树在6—7月会开出楚楚动人的白色花朵。从9月开始结出鲜艳的紫色和白色的果实，一直到深秋。因为是日本野生的植物，所以很容易适应环境，能耐高温和严寒。白棠子树喜欢湿润的土壤，所以在表土干燥之前就要充分浇水。在容易干燥的盛夏和隆冬一定要做好护根工作。种植时，要先将堆肥和腐叶土等有机肥放入种植坑中。白棠子树能够自然调整树形，只需要修剪拥挤的部分和向内侧伸展的树枝。

基础数据
原产地：日本、朝鲜半岛、中国 / 树高：0.5~2m

● 种植期12月、2—3月 ● 施肥2月、6月 ● 花芽7—8月 ● 花期6—7月 ● 结果10月 ● 修剪12月至次年2月

加拿大唐棣

Amelanchier

向阳、明亮的阴凉处 / 喜欢保水性、排水性较好的土壤

蔷薇科

到了春天，整棵树都会绽放白色的花朵。6月会长出小小的红色果实，是野鸟非常喜欢的食物。这些果实也可以用于制作果酱等。加拿大唐棣的叶子造型优美，深秋还可以欣赏红叶。因为一年四季都有不同的变化，所以作为主景树非常合适。加拿大唐棣不耐干旱，盛夏晴天持续的时候需要及时浇水。树形会自然调整，只需要将老树枝和徒长的树枝以及拥挤的部分剪掉即可。

基础数据

原产地：北美 / 树高：3~5m

种植期 2—3月　施肥 2月　花芽 7—8月　花期 4月下旬至5月上旬　结果 6月　修剪 2—3月

穗花牡荆

Vitex agnus-casutus

向阳、明亮的阴凉处 / 喜欢保水性、排水性较好的土壤

唇形科

在其他植物开花较少的时期，穗花牡荆会开出聚集在一起的花穗。花色有淡紫色、粉红色和白色。叶子就像天狗的羽毛扇一样的形状，可以作为观叶植物欣赏，也有带白斑的叶子和紫色的叶子的品种。耐炎热和干燥，最低气温在零下5℃以上时，可以种植在庭院里越冬。由于生长速度快，立株造型很茂盛，所以需要对拥挤的部分进行稀疏修剪，保持通风良好。

基础数据

原产地：欧洲南部 / 树高：3~8m

● 种植期 3－4月、10－11月 ● 施肥 2－3月 ● 花芽 4－6月 ● 花期 7－9月 ● 结果 9－11月 ● 修剪 2月下旬至3月

垂丝卫矛

Euonymus oxyphyllus

向阳、明亮的阴凉处／喜欢保水性、排水性较好的土壤

卫矛科

春天会开出淡绿或粉红色的五瓣花。虽然不显眼，但楚楚动人的样子很惹人喜爱。9—11月长出红色的果实，成熟后会裂成五瓣，从中间冒出红色的种子，模样也很独特。叶子有柔软的质感，秋季可以欣赏红叶。野生于日本北海道到九州的山野，适宜环境易于培育。因为是从地表伸出树枝的立株状，所以需要从底部剪掉旧树枝，切换成新树枝，保持优美的姿态。

原产地：日本、朝鲜半岛、中国／树高：3~6m

种植期12月至次年2月　施肥2月　花期5月　结果9—11月　修剪12月至次年2月

日本紫茎

Stewartia monadelpha

明亮的阴凉处／喜欢保水性、排水性较好的土壤

山茶科

初夏会开出类似山茶花的白色花朵。野生于日本关东南部以西的地区，不耐寒。另外，要尽量避免种植在有夕照太阳的地方。夏天和冬天干燥的时候，需要在根部铺上木屑防止干燥，如果晴天持续的话需要及时浇水。树形能够自然调整，不需要大规模的修剪整形，只要将多余的分枝剪掉，保证通风良好即可。树上可能会产生引发皮肤炎的茶毒蛾，需要特别注意。

原产地：日本／树高：10~15m

种植期3月、12月　施肥不需要　花芽8—9月　花期5—6月　结果9—10月　修剪11月至次年2月

木兰

Magnolia

向阳、明亮的半阴处 / 喜欢保水性、排水性较好的土壤

木兰科

用于园艺的木兰有许多杂交品种，但也有厚朴木兰、木莲花、日本毛木兰、紫玉兰、广玉兰等原生品种。其中，紫玉兰作为最早宣告春天到来的花木而很受欢迎。木兰耐暑耐寒，易于生长。花芽在开花后形成，修剪要在开花后立即进行。将拥挤部分的枝干剪掉，保持良好的通风。如果是比较高的种类，在达到目标高度之后就要及时剪掉顶部保持树形。

日本毛木兰

星花木兰

娇媚广玉兰

白玉兰

紫玉兰

伏尔甘木兰

基础数据

原产地：美洲、亚洲 / 树高：3~20m / 也有常绿的品种

● 种植期 紫玉兰、日本毛木兰2—5月、11—12月，广玉兰5月中旬、8—9月，木莲花12月至次年2月 ● 施肥 2月、9月 ● 花芽 5—6月 ● 花期 3—5月 ● 结果 10月 ● 修剪 开花后立即修剪

日本四照花

Cormus kousa

向阳、明亮的阴凉处／喜欢保水性、排水性较好的土壤

山茱萸科

初夏会开满清秀的白花，也有花色为粉红色的园艺品种。有些品种的叶子上有白色或黄色的斑点，可以作为观叶植物欣赏。秋天会结出又大又圆的果实，可以直接生吃，味道甜美。加工成果酱也很好吃。日本四照花具有很强的耐寒性，能耐受零下15℃的低温，在日本全国都可以种植。虽然也能在半阴凉处生长，但开花会变差。不耐干旱。修剪时将对生的枝条剪掉促进互生，就能做出自然的树形。

基础数据

原产地：日本、朝鲜半岛、中国／树高：5~10m

种植期2—3月、10—12月　施肥2月、8月　花芽8月　花期6月　结果10月　修剪11月至次年2月

白鹃梅
Exochorda racemosa

向阳／喜欢排水性较好的土壤

蔷薇科

5—6月会在花茎顶部绽放直径3~4cm的圆瓣白花。这种花在日本被用作茶花，被叫作利休白。种植要选择在除严寒期之外的落叶期。白鹃梅喜欢向阳和排水好的地方。首先将堆肥和腐叶土等充分放入种植坑里。开花后还要用堆肥、干鸡粪、化肥作为礼肥。修剪在1—2月，只需要剪掉徒长枝即可。想增加棵数的话，可以扦插、移栽或者种下果实，都需要气温再上升之后的3月左右进行。

基础数据
原产地：中国／树高：2~4m

● 种植期11—12月、2—3月 ● 施肥6—7月、12月至次年1月 ● 花期5—6月 ● 修剪1—2月

蜡梅
Chimonanthus praecox

向阳、明亮的半阴处／喜欢保水性、排水性较好的土壤

蜡梅科

早春时率先绽放出黄色的花。因为拥有优雅的香气，作为宣告春天到来的花朵，自古以来就被用作茶花和插花。蜡梅耐暑耐寒，生命力顽强。因为不喜欢潮湿的环境，最好种植在排水良好的土壤中。生长速度慢，树形能够自然调整，不需要大面积修剪，只要将拥挤的部分适当稀疏即可。蜡梅有毒，需要注意幼儿或宠物不要误食。

基础数据
原产地：中国／树高：2~3m

● 种植期11—12月、2—3月 ● 施肥3月、8月下旬至9月 ● 花芽8—9月 ● 花期1—2月 ● 结果10—11月 ● 修剪3月、11月

青木
Aucuba japonica

明亮的阴凉处 / 喜欢保水性、排水性较好的土壤

丝缨花科

春天会开出红紫色的四瓣花，从冬天到早春都可以观赏红色的果实。根据品种的不同，也有白色的果实。雌雄异株，有雄树和雌树，只有雌树结果实。园艺品种多种多样，主要区别在于叶子的花纹，可以作为彩叶植物欣赏。耐寒，从日本北海道南部到冲绳都适宜种植。初夏发出花芽，所以修剪要在开花后马上进行。剪掉徒长枝或不必要的分枝，将旧树枝从根部剪掉促使其发出新枝。

黄金王

五彩斑

黄覆盖叶

秀月

史黛拉

星月夜

基础数据
原产地：日本 / 树高：1~2m / 常绿树

种植期4—7月、9—10月　施肥1—2月　花芽6月　花期3月下旬至5月上旬　结果12月　修剪3—4月

乔木绣球“安娜贝拉”
hydrangea arborescens‘Annabelle’

明亮的阴凉处 / 喜欢保水性、排水性较好的土壤

绣球花科

花朵从青绿色的花蕾中绽放之后就会变成白色。粉色的品种也很受欢迎。在深秋可以欣赏黄叶的魅力。安娜贝拉十分耐寒，即使在寒冷地区也可以种植。安娜贝拉在春天会长出花芽，所以冬天时大规模修剪。将枝条剪短至接近地面的几节，第二年虽然开花的数量会减少，但花团会变得更大。如果只将枝条的前端剪掉，第二年就会开出很多小花，呈现出自然的气息。

原产地：北美东部 / 树高：1~1.5m / 落叶树

● 种植期 3—4月、10—11月 ● 施肥 1—2月、7月中旬至8月 ● 花芽 4月 ● 花期 6—7月 ● 修剪 2—3月

马醉木
Pieris japonica

向阳、明亮的阴凉处 / 喜欢保水性、排水性较好的土壤

杜鹃花科

春天会开出铃铛一般的小花。花色有白色、粉红色、红色，也有叶片上有斑纹的品种。耐暑耐寒，生命力顽强。因为根系较浅，种植后需要用支柱防止倒伏。马醉木不耐干燥，需要在根部用木屑覆盖，在盛夏持续干旱时，最好在早上或晚上浇水。结出果实后树势就会变弱，所以在开花后要及时摘掉。树形会自然调整，只需要将拥挤的部分剪掉即可。

原产地：日本 / 树高：0.5~5m / 常绿树

● 种植期 3—11月 ● 施肥 3月上旬至4月上旬、9月下旬至10月 ● 花芽 8月 ● 花期 3—4月 ● 结果 9—10月 ● 修剪 4—5月

大花六道木

Abelia×grandiflora

向阳、明亮的阴凉处 / 喜欢保水性、排水性较好的土壤

忍冬科

从初夏到秋季一直都会开出星形的白色或粉红色的小花。还有叶子上带白色或黄色斑纹的品种。虽然耐暑耐寒，但最好种在冬天不会吹到冷风的地方。树形为立株形，树枝向四面八方展开。长势茂盛，接二连三的枝叶伸展容易导致树形紊乱。因为萌芽力很强，即便大量修剪也不影响开花，所以当树枝长得太长时就要及时修剪保持树形。

基本品种

朝阳

金叶六道木

霍普利

花吹雪

欧佛洛

基础数据

原产地：欧洲 / 树高：1~2m / 常绿树

种植期3—5月　施肥2—3月、9月中旬　花芽4—10月　花期5月中旬至10月　修剪4—8月

澳洲迷迭香
Westringia fruticosa

向阳／喜欢排水性较好的土壤

唇形科

从初夏到秋天反复开花，花朵最茂盛的时期是初夏。花色有淡紫色和白色。叶片有白色或黄色斑驳的品种，树枝有纤细的质感，可以作为彩叶植物观赏。耐暑耐寒，能忍受零下5℃左右的寒冷。潮湿时会枯萎，所以注意不要浇水太多。全年都可以修剪，如果感觉植株过于茂盛就及时修剪保证通风，可以进行各种修剪造型。

基础数据
原产地：澳大利亚东南部／树高：1~1.5m／常绿树

● 种植期6月 ● 施肥4—5月、10—11月 ● 花期5—11月 ● 修剪 全年

金雀儿
Cytisus scoparius

向阳／喜欢保水性、排水性较好的土壤

豆科

初夏鲜艳的黄色花朵会盖满整个植株，让庭院变得异常华丽。金雀儿不喜欢移植，所以在种植时要选好地点。耐暑耐寒，在土地贫瘠的地方也能生长。喜干不喜湿，所以排水良好的土壤是关键。7月下旬将长出第二年开花的花芽，所以开花后需要立即修剪，将拥挤部分从根部或分枝点剪断。金雀儿的寿命很短，10年之后就会衰弱。

基础数据
原产地：欧洲、北非、加纳利群岛、亚洲／树高：2~3m／常绿树

● 种植期3月中旬至4月 ● 施肥2月 ● 花芽7月下旬 ● 花期5—6月 ● 结果10月 ● 修剪6月中旬至7月中旬

多福南天竺

Nandina domestica'Otafukunanten'

向阳、明亮的阴凉处 / 喜欢保水性、排水性较好的土壤

小檗科

多福南天竺是南天竺的园艺品种，因为树形矮小、生长缓慢且易于管理，很适宜狭窄的空间。全年都有红色的叶子，可作为彩叶植物观赏。盛夏叶子颜色变淡，容易出现绿色，但从深秋到冬天都可以欣赏深色的红叶。与其他品种的南天竺不同，多福南天竺几乎不开花和结果。树形呈立株状，旧树枝可以从底部剪断，促进新枝生长，调整植株的整体造型。

基础数据

原产地：日本、中国 / 树高：0.2~0.6m / 常绿树

种植期4月、9月　施肥2月、9月　花芽8月　花期6月　修剪2—3月

栀子花

Gardenia jasminoides

明亮的阴凉处 / 喜欢保水性、排水性较好的土壤

茜草科

梅雨季节时会开出白色的花，散发出强烈的芳香，非常引人注目。花朵有清秀的单瓣花和华丽的重瓣花。由于栀子花的花朵沐浴在强烈的阳光下会受损伤，所以种植的时候要选择只有早晨会被阳光直射的明亮的阴凉处。另外，冬天要避免暴露在寒风之中。栀子花生长缓慢，树形能够自然调整，不必每年都修剪，只需要将拥挤的地方修剪稀疏，保持通风良好即可。7月左右将长出第二年开花的花芽，所以开花后需要立即修剪。

基础数据

原产地：日本 / 树高：1~2m / 常绿树

种植期4—6月、9月　施肥2月、8月下旬　花芽7—9月　花期6—7月　结果9—10月　修剪 开花后立即修剪

麻叶绣线菊

Spiraea cantoniensis

向阳、明亮的阴凉处 / 喜欢保水性、排水性较好的土壤

蔷薇科

麻叶绣线菊的每一朵花都很小，但会聚集在一起形成一个半圆形，花团覆盖整个植株的美景十分值得一看。麻叶绣线菊是从地面上长出大量树枝的立株，但树枝又会自然下垂。因为其耐暑耐寒，园艺初学者也很容易培育。不耐干燥，在盛夏晴天持续的情况下，需要在凉爽的时间段浇水。修剪需要在花期后立即进行。将旧树枝或细树枝从底部剪掉，换成新树枝。每隔几年，可以从地面剪断让其重新生长。

原产地：中国东南部 / 树高：1~2m / 落叶树

● 种植期2—3月 ● 施肥2月 ● 花芽10月 ● 花期3—4月 ● 结果4—5月 ● 修剪6月上旬

北美鼠刺

Itea virginica

向阳、明亮的阴凉处 / 喜欢保水性、排水性较好的土壤

鼠刺科

初夏会绽放出大量白色的小花，像刷子一样的花穗独一无二，非常引人瞩目。甜美的香气也非常有魅力。秋天可以欣赏到红叶的样子。耐暑耐寒，但不耐干燥，盛夏需要在凉爽的时间段浇水。修剪可以在开花前之外的任意时间进行。北美鼠刺是从地面上长出大量树枝的立株，但树枝又会自然下垂。修剪时只需要将拥挤的部分稀疏修剪，保持通风良好即可。旧树枝从地面剪断。

原产地：北美 / 树高：1m / 落叶树

● 种植期11—12月、3月 ● 施肥2月、6—7月 ● 花期5—6月 ● 修剪 全年（开花前除外）

粉花绣线菊

Spiraea japonica

向阳、明亮的阴凉处 / 喜欢保水性、排水性较好的土壤

蔷薇科

粉花绣线菊有许多品种，花色有白色、红色、粉色、红白相间等。叶子有深切口的类型，叶色有黄绿色的类型，也可以欣赏红叶。由于树形能够自然调整，修剪只需要剪掉拥挤的部分，3~4年修剪一次即可，在距离地面10~20cm的地方剪断旧树枝，促进新枝生长。还有叶色为金黄色、琥珀色、黑色等丰富多彩叶色的不同属的绣线菊。

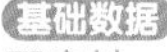

基础数据

原产地：日本、中国 / 树高：1~1.5m / 落叶树

种植期3月　施肥2月、7月　花芽5月　花期5—7月　修剪2月

金边瑞香

Daphne odora

向阳、明亮的阴凉处 / 喜欢保水性、排水性较好的土壤

瑞香科

初春时会开出芳香的小花，第一个宣告春天的到来。每一朵花虽然很小，但是以球状聚在一起。花瓣的内侧是白色的，外侧是粉红色。也有叶子上带有奶油色斑的品种。不喜欢移植，所以种植时就要选好地点。不耐干燥，在新芽展开的春天和晴天持续的盛夏需要及时浇水。枝叶能够自然聚集在一起，修剪时需要将当年长出的树枝在分杈部分剪断。

基础数据

原产地：中国 / 树高：1m / 常绿树

种植期4月、9月　施肥2月、9月　花芽7月　花期3月　结果6月　修剪4月下旬至5月上旬

欧洲女贞

Ligustrum vulgare

向阳、明亮的阴凉处 / 喜欢保水性、排水性较好的土壤

木樨科

初夏会绽放出密密麻麻的白色小花。叶子轻盈，有黄叶、银叶、斑叶等品种，作为彩叶植物很受欢迎。由于生长旺盛，树枝长得很快，所以需要及时修剪，保持优美的树形。修剪时可以将树形修剪到前一年的大小，将拥挤的部分剪掉，保持良好的通风。4~5年后可以将旧枝从地面剪断，促使其长出新枝。因为修剪后很容易长出分枝，如果不想植株展开太大也可以只修剪上部。

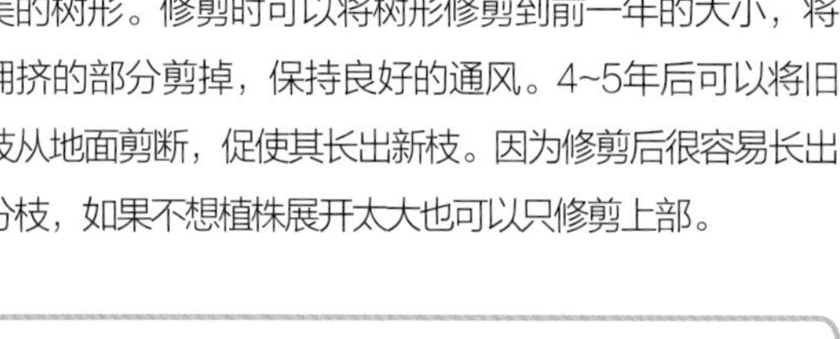

基础数据

原产地：欧洲、非洲北部 / 树高：2~4m / 常绿树

种植期 2—4月、11—12月 · 施肥 不要 · 花芽 3—4月 · 花期 5—6月 · 结果 10—11月 · 修剪 7月

台湾吊钟花

Enkianthus perulatus

向阳 / 喜欢保水性、排水性较好的土壤

杜鹃花科

春天会开出许多吊钟形的白色或粉红色的小花，盛开时会将整个植株都染成花色。秋天能欣赏到火红的红叶。在光照不好的地方，花和红叶都会变得衰弱。因为是原产于日本的植物，所以很适应日本的环境，即使是园艺初学者也很容易培育。台湾吊钟花的根系很浅，不耐旱，晴天持续干燥的时候需要及时浇水。修剪要在落叶之后，将拥挤的部分剪掉，保持通风良好，可以进行修剪整形。

基础数据

原产地：日本、中国 / 树高：1~3m / 落叶树

种植期 3月、11—12月 · 施肥 2月、9月 · 花芽 8月 · 花期 3—4月 · 结果 8—10月 · 修剪 2—3月、4月下旬至5月上旬

北美金丝桃

Hypericum spp.

向阳、明亮的阴凉处 / 喜欢保水性、排水性较好的土壤

金丝桃科

初夏，伸出长长花蕊的黄色五瓣花盛开的样子非常引人注目。晚秋的红色果实也很可爱。北美金丝桃是从地面长出多个树枝的立株形，虽然植株不高，但体积并不小，所以种植时最好选择不会碍事的地方。盛夏晴天持续极端干燥的时候需要及时浇水。修剪要在花期后马上进行。利用自然的树形，切掉拥挤的部分，提高通风。从地面剪断旧的树枝，促进新树枝生长。

基础数据

原产地：温带、热带 / 树高：0.5~1.5m / 落叶树

种植期3—4月　施肥2月、8月　花芽4—5月　花期6—7月　结果10—11月　修剪7月下旬至8月上旬

细梗溲疏

Deutzia gracilis

向阳、明亮的阴凉处 / 喜欢保水性、排水性较好的土壤

绣球科

初夏开出清爽的白色花朵，非常引人注目。植株十分紧凑，适合种植在狭小的空间。耐暑耐寒，不耐干旱，如果晴天持续的话需要及时浇水。即使在半阴处也不会徒长，花数也不会减少，可以种植在见不到阳光的庭院中。树形是从地面上长出许多树枝的立株形，主要由2~3年的树枝组成，超过这一年限的旧树枝可以在地面处剪断。修剪时需要将拥挤的部分剪掉，尽量保持稀疏和通风。

基础数据

原产地：日本 / 树高：0.5m / 落叶树

种植期2—3月　施肥4月至5月上旬、10—11月　花芽8月　花期5—6月　修剪2月、6月下旬至7月

越橘

Vaccinium spp.

向阳、明亮的阴凉处／喜欢保水性、排水性较好的土壤

杜鹃花科

初夏会开出铃铛形的小花，从夏天到秋天可以收获果实。越橘有适合寒冷地区的高丛品种和适合温暖地区的兔眼品种，可以选择适合当地气候的品种。越橘喜欢酸性土壤，所以在种植时加入有机肥料和泥炭土。要收获果实的话，需要种植花期相同的两种以上不同品种。越橘的树形呈立株状，修剪要从植株比较茂盛的区域的第3年以后开始。剪掉旧的树枝和拥挤的树枝，保证从地面长出来的粗树枝有10根左右即可。

基础数据
原产地：北美／树高：0.5~3m／落叶树

● 种植期12月至次年3月 ● 施肥6月、9月、11月 ● 花芽8—9月 ● 花期5—6月 ● 结果7—8月 ● 修剪12月至次年2月

湖北十大功劳

Mahonia confuse

向阳、明亮的阴凉处／喜欢保水性、排水性较好的土壤

小檗科

十大功劳的一种，叶子更细，树形更加漂亮。秋天到初冬会绽放出圆润的黄色花朵。初夏会结出弯曲的蓝紫色果实。耐暑耐寒，生命力顽强，园艺初学者也很容易培育。因为讨厌极端的干燥，所以晴天持续的话需要及时浇水。树枝从地面大量长出，修剪时从地面处剪掉旧树枝，把拥挤的部分剪掉，保持良好的通风。

基础数据
原产地：东亚／树高：1m／常绿树

● 种植期2—5月 ● 施肥2—3月、8—9月 ● 花芽7—8月 ● 花期10—12月 ● 结果6—7月 ● 修剪6月

泽八仙花

Hydrangea macrophylla spp. serrata

明亮的阴凉处 / 喜欢保水性较好的土壤

绣球科

在梅雨期开花，花色有紫色、蓝色、粉红色、红色和白色。泽八仙花与华丽的西方绣球花截然不同的野趣感十足的绽放姿态很受欢迎。主要生长在日本东北的南部和四国、九州的太平洋一侧，不耐寒。喜欢半阴处潮湿的土壤。但在太暗的地方开花会变差，所以只在上午有阳光照射的东侧是最适合种植的地方。修剪时保留3~5个当年生长的新枝上的芽或节，将其余树枝剪掉。旧树枝可以从根部剪断。

基础数据
原产地：日本 / 树高：1~2m / 落叶树

种植期12月中旬至次年3月　施肥3月、5月　花芽10月　花期6—7月　修剪2月、7月至9月上旬

珍珠绣线菊

Spiraea thunbergii

向阳、明亮的阴凉处 / 喜欢保水性、排水性较好的土壤

蔷薇科

春天会开出白色的花朵压满枝头，仿佛积雪一样。耐暑耐寒，即便放任不管也能很好地成长，非常适合初学者培育。盛夏晴天持续干燥时需要及时浇水。植株呈从地面长出大量树枝的立株形，但如果树枝太密会引来害虫，因此需要每年修剪保持通风。为了突出其垂枝的特点，最好在地面上剪掉多余的树枝，而不是在树枝的中间进行修剪。

基础数据
原产地：中国 / 树高：1~2m / 落叶树

种植期2月中旬至3月、10—11月　施肥5月　花芽10月　花期3—4月　结果10—11月　修剪5月

百子莲
Agapanthus spp.

向阳、明亮的阴凉处 / 喜欢保水性、排水性较好的土壤

石蒜科

有光泽的剑状叶片呈放射状向外伸展。从植株中央伸出花茎，顶端密集绽放出花朵。花的颜色有蓝色、紫色、白色、粉红色。在庭院种植的情况下几乎不需浇水。需要注意不要让土壤过于湿润。在种植时，将堆肥和腐叶土作为基肥。随后的春季和秋季在植株根部施缓释肥作为追肥。为了减少植株消耗，开花后需要从根部将花茎剪下。当植株生长过大时需要分株重新种植。

- 种植3—4月、9—10月
- 分株3—4月、9—10月
- 施肥3—5月、9月
- 花期6—7月

基础数据
原产地：南非 / 草高：50~100cm / 叶展：80~100cm / 常绿或落叶性球根植物

匍匐筋骨草
Ajuga reptans

向阳、明亮的半阴处 / 喜欢保水性、排水性较好的土壤

唇形科

呈放射状的叶子很可爱，有青铜色叶子的品种和粉色与白色的斑纹叶子的品种，常作为彩叶植物观赏。花的颜色有蓝色、紫色、粉红色等。只能承受0℃左右的低温，暴露在寒霜或寒风中的话，叶片就会损伤，所以在寒冷地区种植的话，一定要注意防寒。因为其根茎在地下分布很广，在植株过于繁茂的情况下，可以通过改变伸展方向等方法进行调整。植株长大之后可以适时将其挖出进行分株。

- 种植2—3月
- 分株9—10月
- 施肥4—6月、9—10月
- 花期3—5月

基础数据
原产地：欧洲、中亚 / 草高：5~15cm / 叶展：20cm / 常绿多年生草本

落新妇
Astilbe

向阳、明亮的半阴处／喜欢保水性、排水性较好的土壤

虎耳草科

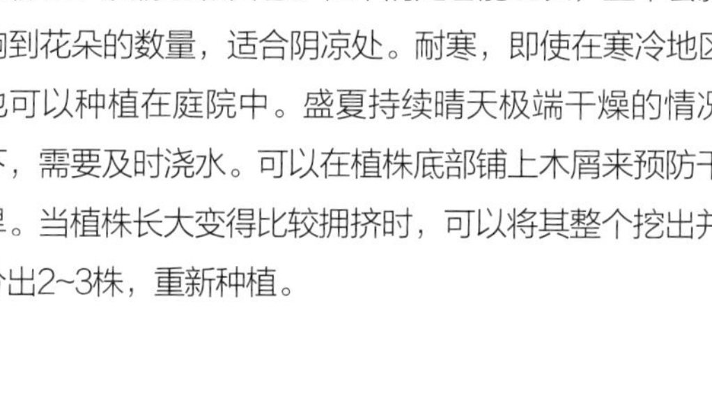

初夏会长出很多花穗，看起来十分华丽。花色有红色、深粉色、淡粉色和白色。在半阴处也能生长，且不会影响到花朵的数量，适合阴凉处。耐寒，即使在寒冷地区也可以种植在庭院中。盛夏持续晴天极端干燥的情况下，需要及时浇水。可以在植株底部铺上木屑来预防干旱。当植株长大变得比较拥挤时，可以将其整个挖出并分出2~3株，重新种植。

种植3—4月、10—11月　分株10月　施肥3—4月、10月
花期5月下旬至7月

基础数据
原产地：东亚、北美／草高：20~80cm／叶展：40~80cm／落叶多年生草本

灯盏花
Erigeron

向阳／喜欢保水性、排水性较好的土壤

菊科

初夏，在细长花茎的顶部开出许多类似菊花的花。花多直径2cm左右，最初是白色，逐渐变成粉色，白色和粉色混合绽放的样子是其最大的魅力。耐暑耐寒，生命力顽强，还会自身散播种子，几乎不用费事照顾，十分适合园艺初学者。如果土壤过于潮湿的话，根系会腐烂，所以种在院子里的时候几乎不用浇水。种下去之后几年都不用管，但如果感觉植株长得太大，可以挖出来，分成2~3个芽再重新种植。

种植3—4月、10月　分株3—4月、10月　施肥3—4月、10月
花期5—6月

基础数据
原产地：北美／草高：5~100cm／叶展：40~60cm／常绿多年生草本

帚石楠
Calluna vulgaris

向阳、明亮的半阴处 / 喜欢保水性、排水性较好的土壤

杜鹃花科

从初夏到秋天一直会开出许多小花，给庭院增添色彩。花色有紫色、粉红色和白色。品种丰富，除了有单瓣花和重瓣花之外，叶色也有黄色和橙色的，可以作为彩叶植物观赏。耐寒但不耐暑，需要保持良好的通风，以免闷热。由于生长旺盛，树形容易变形，开花后要及时剪切整形。可以通过分株来增加数量。

- 种植期3—4月、10月
- 分株3—4月、10月
- 施肥2月
- 花芽5—6月
- 花期6—9月
- 修剪10月

基础数据
原产地：欧洲、北非、西伯利亚 / 树高：0.2~0.8m / 常绿灌木

玉簪
Hosta

明亮的半阴处 / 喜欢保水性、排水性较好的土壤

天门冬科

在夏天会开出白色或淡粉色的花。但其最大的魅力在于美丽的叶子，除了有绿色和黄色的叶子之外，还有带白色或黄色斑纹的叶片等许多种类，可以作为彩叶植物观赏。作为耐阴的植物，可以说是阴凉处的常客。耐暑耐寒，但在盛夏持续干燥的时候还是需要及时浇水。植株长大之后可以挖出来，分株重新种植。

- 种植期2—3月
- 分株2—3月
- 施肥4—6月、9—10月
- 花期7—8月

基础数据
原产地：日本、中国 / 草高：15~200cm / 叶展：60~100cm / 落叶多年生草本

铁筷子

Helleborus×hybridus

向阳、明亮的半阴处 / 喜欢保水性、排水性较好的土壤

毛茛科

在冬天花茎顶端会开出许多楚楚动人的花朵。花色有白色、粉色、紫色、绿色、黄色、棕色、黑色、多色等，花姿也有单瓣花和重瓣花。每年都会发布新品种，很多人都会特意收藏这种花。喜欢明亮的半阴处，讨厌潮湿，耐寒。开花时要勤快地摘掉花柄。深秋开始长出花芽时，要剪掉旧叶子保证光线的照射。植株长大之后可以挖出来，分株重新种植。

- 种植期 1—3月、10—12月
- 分株10—12月
- 施肥10月
- 花期 1—3月

基础数据
原产地：欧洲 / 草高：10~15cm / 叶展：20~40cm / 常绿多年生草本

黄杨叶栒子

Cotoneaster

向阳、明亮的半阴处 / 喜欢保水性、排水性较好的土壤

蔷薇科

初夏会开出许多长着长长花蕊的小五瓣花。花色有白色、淡粉色，都楚楚可爱。从秋天到冬天，枝头上挂着鲜红果实的姿态也很有观赏价值。由于树形有树枝向四周延伸的类型，像爬行一样扩展的类型以及立株形，可以选择与种植场所对应的种类。耐寒。修剪时可以将拥挤的部分剪掉，保持通风良好，将旧树枝从地面处剪断。

- 种植期 2月下旬至3月、10—11月
- 施肥 2—3月、6月
- 花芽 9月
- 花期 5月
- 结果10月至次年 1月
- 修剪 2月下旬至3月上旬、5—7月

基础数据
原产地：中国、印度北部 / 树高：0.3~2m / 常绿灌木

鼠尾草

Salvia

向阳、明亮的半阴处 / 喜欢保水性、排水性较好的土壤

唇形科

在全世界分布有900多种，园艺品种也多种多样。许多是多年生草本，但也有一年生草本和灌木。从夏天到秋天持续开花，竖起的花穗是其最大的特征。花色有红色、粉色、白色、紫色、蓝色、黄色、多色等。有些品种有香草的芳香。花店里有很多种类，都是生命力顽强的品种。如果植株长得过于茂盛，需要适当修剪，保持通风良好。

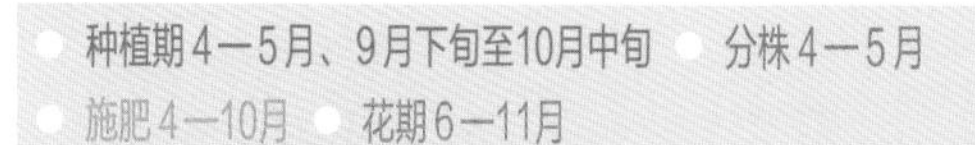

基础数据
原产地：全世界 / 草高：20~200cm / 叶展：30~40cm / 落叶多年生草本、一年生草本、灌木

打破碗花花

Anemone hupehensis

向阳、明亮的半阴处 / 喜欢保水性、排水性较好的土壤

毛茛科

秋天在花茎的顶部会开出花径5~6cm的花朵。花色有深粉色、淡粉色、白色等。除了有单瓣花和重瓣花的品种之外，还有矮化种和高化种。耐寒，在日本范围内都可以种植在庭院之中。这是一种自古以来就有的植物，很容易适应环境。因为根不耐高温和干燥，所以需要在底部铺上木屑等防止干燥。植株长大之后可以挖出来，分成2~3株重新种植。

● 种植期3—5月、9—10月 ● 分株3—5月、9—10月
● 施肥3月 ● 花期8月中旬至11月

基础数据
原产地：中国 / 草高：30~150cm / 叶展：30~40cm / 常绿多年生草本

白及
Bletilla striata

向阳、明亮的半阴处／喜欢保水性、排水性较好的土壤

兰科

初夏长出花茎后绽放出紫色或白色的花朵。在明亮的阴凉处也能生长，但过于缺乏光照就会徒长，开花也会变差。耐暑，在强烈日照下叶子也不会枯萎。耐干旱，生命力顽强，即使是园艺初学者也很容易培育。不耐寒，在户外越冬的话需要在根部铺上木屑等防寒。植株长大之后可以挖出来，分成2~3株重新种植。

种植期4—5月、9—10月　分株3月、10月
施肥4—6月、9—10月　花期5—6月

基础数据
原产地：日本／草高：40~70cm／叶展：20~30cm／落叶多年生草本

水仙
Narcissus

向阳／喜欢保水性、排水性较好的土壤

石蒜科

水仙作为大受欢迎的植物，品种多达1万多个，每年发布的新品种也成为收藏家们竞相追捧的对象。水仙的花色有白色、橙色、黄色和多色等。绽放的姿态也各不相同，单瓣花、重瓣花、喇叭花、蝴蝶花等多种多样。其中还有能够散发出浓郁香气的品种。水仙在秋天种植球根，开花后进入休眠。如果环境合适，每年都会开花，即便放任不管也能长得很好。植株长大之后可以挖出来，分株重新种植。

种植期10—11月　施肥2—4月、10—11月
花期11月中旬至次年4月

基础数据
原产地：地中海沿岸／草高：10~50cm／叶展：20~40cm／落叶多年生草本（球根植物）

百里香

Thymus

向阳、明亮的半阴处 / 喜欢保水性、排水性较好的土壤

唇形科

这是一种香草，枝叶会散发出清爽的芳香。生命力非常顽强，即便被踩踏也不会因受伤而枯萎。因此可以沿着小路种植，享受它的香味。从春天到初夏都会开出小花，花色有红色、粉色、白色和淡紫色。有些品种的叶子上有白色或黄色的斑点，也可以作为彩叶植物观赏。喜欢干燥的气候，不耐高温多湿的环境，所以在夏天前要进行修剪，保持通风良好。

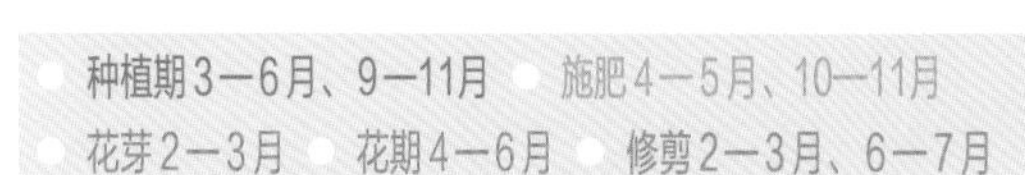

基础数据

原产地：地中海沿岸 / 树高：0.05~0.3m / 常绿灌木

大吴风草

Farfugium japonicum

明亮的半阴处 / 喜欢保水性、排水性较好的土壤

菊科

能够在半阴处生长，可以种植在阴凉处。从日本江户时代的古典园艺开始就很受欢迎，还有带黄色和白色斑纹的品种。圆形的叶子很可爱，可以作为彩叶植物欣赏。从秋天到冬天，花茎顶部会开出类似玛格丽特的花，给花朵减少的花园带来一片生机。花色有黄色、白色、橙色等。将开完的花朵或枯叶剪掉，保持植株周围清洁。生命力顽强，即使是园艺初学者也很容易培育。

种植期4月　分株4月　施肥4月　花期10—12月

基础数据

原产地：日本、朝鲜半岛、中国 / 草高：20~50cm / 叶展：40~60cm / 常绿多年生草本

新西兰麻

Phormium

向阳／喜欢保水性、排水性较好的土壤

百合科

细长的剑状叶片从地面呈放射状延伸，能够给庭院带来现代感。叶色除铜叶、紫叶、红叶外，还有条纹状有白色或黄色斑纹的品种，可以作为彩叶植物欣赏。夏天会长出花茎，顶端绽放出红色或黄色的充满异国情调的花朵。虽然生命力顽强，但有的品种不耐寒。需要及时将旧叶子和受损的叶子剪下来，保持美观，植株长大之后可以挖出来，分株重新种植。

种植期3月中旬至4月上旬　分株3月中旬至4月上旬

施肥3月中旬至4月上旬　花期6月下旬至8月上旬

基础数据

原产地：新西兰／草高：60~300cm／叶展：50~200cm／常绿多年生草本

榕叶毛茛

Ranunculus ficaria

向阳、明亮的半阴处／喜欢保水性、排水性较好的土壤

毛茛科

春天会在花茎顶部开出有光泽的花。花色有黄色、白色等。有单瓣花和重瓣花，还有叶子上带斑点的品种。生命力顽强，不需要特殊的照顾，但造型过于生硬，需要与其他植物搭配造型。枯萎的花和叶子要及时清除，保持植株周围清洁，预防病虫害。夏季之前会休眠，地上部分都会消失，但到了秋天又开始再次生长，下一年开花。将块根分株可以使其繁殖。

种植期7月下旬至9月　分株7月下旬至9月

施肥2月至5月上旬　花期3月至5月上旬

基础数据

原产地：欧洲／草高：5~20m／叶展：30~40cm／落叶多年生草本

肾形草

Heuchera

向阳、明亮的半阴处／喜欢保水性、排水性较好的土壤

虎耳草科

叶色丰富，有红色、橙色、黄色、黑色、银色、青铜色、焦糖色、斑驳色等，可以随意搭配。初夏时在花茎顶端挂着小花的样子也很可爱。花色有红色、粉色、白色和绿色。耐暑耐寒，生命力顽强，但有些品种被暴晒会出现叶烧现象，最好种植在只在早晨有阳光的东侧。植株长大之后可以挖出来，分株重新种植。

● 种植期3—4月、10月 ● 分株3—4月、10月
● 施肥3—4月、10—11月 ● 花期5至7月中旬

基础数据
原产地：美国、墨西哥／草高：20~80cm／叶展：20~40cm／常绿多年生草本

肺草

Pulmonaria spp.

明亮的阴凉处、半阴处／喜欢保水性、排水性较好的土壤

紫草科

匍匐在地面上生长，长长的花茎顶端开出几朵小花。花色有蓝色、红色、白色和多彩色。叶子上有很多斑点，可以作为彩叶植物欣赏。耐寒，但讨厌高温多湿。被强烈的阳光照射时会出现叶烧，所以最好种植在半阴的地方。在表土干了之后充分浇水。种植时埋入大量的堆肥和腐叶土，生长期草姿衰退的时候施液肥作为追肥。

● 种植期3—4月、10—11月 ● 分株3月、9—10月
● 施肥3—10月 ● 花期4—5月

基础数据
原产地：欧洲／草高：20~30cm／叶展：25~60cm／落叶多年生草本

硬毛油点草
Tricyrtis hirta

明亮的半阴处 / 喜欢保水性、排水性较好的土壤

百合科

秋天长出长长的花茎，开出白底散落紫色斑点的花。楚楚可人的身姿很有魅力，自古以来作为茶花也大受欢迎。花色有紫色、白色、粉红色和黄色，有些种类的斑点不明显。耐暑耐寒，因为是日本野生的植物，更容易适应环境，生命力顽强，易于培育。盛夏晴天持续极端干燥时需要及时浇水。植株长大之后可以挖出来，分株重新种植。

种植期2—3月　分株2—3月　施肥3—10月
花期8—10月

基础数据
原产地：日本 / 草高：30~100cm / 叶展：20~30cm / 落叶多年生草本

紫金牛
Ardisia japonica

明亮的半阴处 / 喜欢保水性、排水性较好的土壤

报春花科

在古典园艺中就很受欢迎，拥有叶子带黄色或白色斑点的许多品种，是非常宝贵的彩叶植物。夏天会开出白色或粉色的小花，从秋天到冬天都有鲜红的果实。原本生长在树木茂盛的森林地带，可以适应阴凉处的少光环境。耐暑耐寒，放任不管也能茂盛生长。树枝过于拥挤或下叶枯萎时需要修剪，保持通风良好。

种植期2—4月、9—11月　施肥4—11月　花期7—8月
结果10月至次年2月　修剪3—4月

基础数据
原产地：日本、朝鲜半岛、中国 / 树高：0.1~0.3m / 常绿树

阔叶麦冬

Liriope muscari

向阳、明亮的半阴处／喜欢保水性、排水性较好的土壤

天门冬科

细长的叶子从地面呈放射状向外延伸，株姿非常有魅力。条纹状带白色或黄色斑纹的品种枝叶轻盈，能够营造出明亮的氛围。从夏天到秋天，花茎上会开出蓝紫色或白色的花，冬天会结出有光泽的黑色果实，一年四季都能享受到植株不同的魅力。耐暑耐寒，耐阴雨和干燥。虽然能够生长在半阴处，但在太暗的地方容易徒长，开花也会变少。植株长大之后可以挖出来，分成3~5株重新种植。

- 种植期3—6月、9—11月
- 分株3—4月、10—11月
- 施肥3—4月、10—11月
- 花期8—10月

基础数据

原产地：日本、中国／草高：20~49cm／叶展：30~60cm／常绿多年生草本

马来麦冬

Ophiopogon malayanus cv.variegata

向阳、明亮的半阴处／喜欢保水性、排水性较好的土壤

天门冬科

外观与阔叶麦冬十分相似，但叶子更加纤细、紧凑。叶片上白色细条纹状的斑点是其最大的特征，是非常清爽的彩叶植物。夏天在花茎顶端挂着的白色花朵也给人一种清爽的感觉。耐暑耐寒，耐干燥。在明亮的半阴处也能生长，但光照少的话，叶色也会变得暗淡。植株长大之后可以挖出来，分株重新种植。

- 种植期3—6月、9—11月
- 分株3—4月、9—11月
- 施肥3—4月、9—11月
- 花期6—8月

基础数据

原产地：马来西亚／草高：30~50cm／叶展：50~80cm／常绿多年生草本

薰衣草

Lavandula spp.

向阳 / 喜欢排水性较好的土壤

唇形科

英式薰衣草作为香草含有较多的药效成分，但不耐日本的高温多湿。法式薰衣草的特征是花穗顶部的苞。耐热，喜欢向阳和排水性较好地方，但要避免盛夏强烈的阳光，及时浇水防止过度干燥。修剪在春天进行，剪掉徒长枝和拥挤的部分。施肥在2月左右，将少量缓释肥浅埋在植株周围。如果给过多氮肥，反而会导致植株变弱，一定要注意。

种植期 4—5月　施肥 2月　花期 5—7月

基础数据
原产地：地中海沿岸、北非、西亚 / 树高：0.5~0.6m / 常绿树

野芝麻

Lamium

向阳、明亮的半阴处 / 喜欢保水性、排水性较好的土壤

唇形科

有许多叶子带白斑的品种，可以作为彩叶植物观赏。初夏长出花茎，密密麻麻地开出花朵的姿态也很华丽。花色有紫色、粉红色、白色、黄色和绿色。具有在地面上匍匐生长的性质，也可以用作地被植物。耐寒不耐暑。在强烈的阳光下会叶烧，所以推荐种植在只在早晨有阳光照射的东侧和明亮的半阴处。可以通过分株或叶插繁殖。

种植期 1—6月、10—12月　分株 4月、10月
施肥 1—6月、10—12月　花期 5—6月

基础数据
原产地：欧洲、非洲北部、亚洲温带地区 / 草高：20~40cm / 叶展：30~60cm / 常绿多年生草本

香叶天竺葵

Pelargonium graveolens

向阳、明亮的半阴处／喜欢排水性较好的土壤

牻牛儿苗科

这是一种带有芬芳香气的天竺葵，常用作防虫药草。初夏花茎的顶部会开出几朵粉红色的花。耐暑但不耐寒，冬天最好移栽到花盆里搬进室内。不喜欢阴雨，喜欢干燥的环境，需要通过填土等形成排水良好的土壤。花开完之后要及时摘掉，保持植株周围清洁。可以通过叶插繁殖。

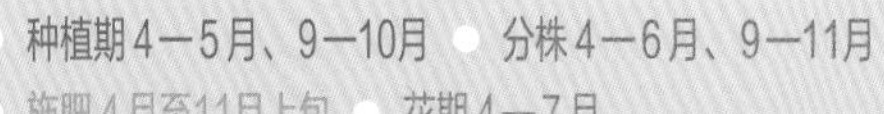

- 种植期 4—5月、9—10月
- 分株 4—6月、9—11月
- 施肥 4月至11月上旬
- 花期 4—7月

基础数据

原产地：南非／草高：30~100cm／叶展：50~150cm／常绿多年生草本

迷迭香

Rosmarinus officinalis

向阳／喜欢排水性较好的土壤

唇形科

叶子有清爽芳香的香草。树形有很多种，有树木形、立株形、半匍匐形、匍匐形等，可以根据自己的需求选择合适的类型。花期因种类不同而不同，开花时树枝上会开满小花。花色有蓝紫色、淡紫色、粉红色和白色。耐暑耐干旱，但不耐寒。生长旺盛，树形很容易变乱，所以在生长期需要适当修剪不必要的树枝，保持通风良好。

- 种植期 4—5月、10—11月
- 施肥 3月、10—11月
- 花期 1—5月、11—12月
- 修剪 4—11月

基础数据

原产地：地中海沿岸／树高：0.3~2m／常绿树

第 4 章

园艺术语

聚焦点 吸引视线的植物、装饰等。

拱门 倒U字形的拱门。放置在入口处，让藤蔓植物攀爬。因为能够起到遮挡视线的效果，可以提高人对深处景观的期待感，并且能够加强纵深感。此外，还能起到场景转换的作用。

通道 从门口到玄关的通道以及周围的空间。

树篱 用植物组成的墙，用来分隔区域或者遮挡视线。常用光叶石楠和小叶黄杨等易于修剪的植物。

一年生植物 在一年以内完成发芽、开花、结果、枯死循环的植物。

一季花 一年中只开花一次的植物。

幕墙 由门牌、邮箱、灯光等搭配组合而成的幕墙，设置在玄关处起到遮挡视线的作用。

木地板 从室内一侧向庭院伸出的木质地板，起到连接室内和庭院的作用。每年都要进行一次防腐处理等维护，也有使用人造木材的木地板。

液体肥料 液态的化肥。优点是起效快，缺点是持续性低，也被称为液肥。

外景 建筑物的外围。有时候也特指玄关周围和围墙等地。

尖塔架 钢筋组成的尖塔形架子，可以让藤蔓植物攀爬。

礼肥 在植物开花或结果之后施的肥。使用起效快的废料，帮助植物快速恢复。

块茎 像土豆那样，植物的茎在地下膨大化，是储存养分的器官。

园艺装饰 用于园艺的小物件，比如装饰品和标牌等。

立株 从根部长出多个枝干的树木，也被称为干枝、多干。

株张 植物的枝叶扩展的范围，也叫叶张。

分株 植物长大后将其整个挖出，分成多个植株后再重新种植的繁殖方法。

停车场 停车的区域。

彩叶植物 主要欣赏美丽叶子的植物。叶子的颜色有黄色、红色、橙色等许多种类，常用作花草的陪衬。

缓释肥 缓慢释放养分的化肥。

寒肥 为了促进植物在春天的发育而在冬天施加的肥料。

休眠 植物在夏冬季节迎接极端气候之前暂时停止生长的状态。

修剪整形 将导致植株造型杂乱的长茎叶从底部剪断，让植株重新发芽、生长，以调整造型。

地被植物 在地面上广泛生长的植物，用于隐藏土地和防止杂草。

针叶树 树叶细长如针的树，多为常绿树。

花盆 种植植物的容器的统称。材质有瓷、陶、塑料、木、金属等各种各样。

盆底土 为了排水透气，垫在盆底部的大颗粒土。浮石、赤玉土、硼土、鹿沼土等。

侧院 连接主院和后院的空间。

扦插、叶插 将植物的一部分切下、插入土中的繁殖方法。

背光花园 几乎没有阳光的庭院。

花架 用于放置植物的架子。

播种 不用育苗，直接将种子种下去的繁殖方法。

四季花 花期不固定，只要满足条件在一年中可以多次开花的植物。

下草 生长在树木底部周围的植物。

支柱 用于支撑植株比较高的植物和藤蔓植物的园艺资材。

雌雄异株 分为开雌花的雌株和开雄花的雄株的植物。像猕猴桃、银杏、杨梅那样，要想结出果实就必须栽植雌株和雄株。

树冠 树木地上部分枝叶茂盛的部分。

树脂花盆 用高强度材质制成的花盆，轻便、结实，不易破碎，也不会因为装入太多的土而发生形变。

蘖枝 从植物根部冒出的新芽。

常绿树 一年四季都有树叶的树木，常被用于制作遮光墙和树篱。

种植 种植植物。

主景树 一个庭院中最有存在感的树木。

置物场 用于放置杂物或停放自行车的地方。

修剪 为了促进植物生长或整理造型而将植物的枝叶芽的一部分剪掉。

造型 植物整体的形态。

分区 根据目的和用途将空间划分开。

耐寒性 / 耐热性 植物的性质，能够抵御寒冷 / 炎热。

堆肥 秸秆、落叶、树皮、生物排泄物等腐熟的肥料。一定要彻底腐熟后才能使用。

多年生植物 种下去之后需要许多年才能发芽、开花、结果的植物。植株长大之后将其分株并重新种植，可以使其重新生长。

中耕 在花坛中种植植物之后，土壤会逐渐硬化。因此需要对土壤进行浅层翻倒，疏松表层土壤，提高土壤的排水性和透气性，还能顺便清除杂草。

直根性 植物拥有一根粗而长的根。移植时要尽量不损伤根，或者在花坛直接撒上种子进行种植。

追肥 种植时施加的肥料失去效果后追加的肥料。

培土 在植物的根部覆盖土壤，防止植物倒伏。当出现水土流失或植物根部裸露时都需要培土。

藤蔓植物 枝叶攀爬在其他物体上生长的植物。

摘尖 在幼苗期将新长出的顶芽剪掉，增加分枝的数量。重复这项作业可以使植株更加茂盛。

赤陶土 素烧的陶土，用来制作花盆、瓷砖、装饰品等。

动线 行动的线路。

土壤酸度 通过pH检测，判断土壤的酸性和碱性。不同植物适应的土壤酸度也各不相同。

徒长 植株的茎部过度生长的病态。可能是没有充足的阳光照射，浇水过多，肥料不足或过多造成的，也指树木上长得很长的树枝。

林木造型 将灌木或枝叶茂盛的植物修剪成球形、三角形、螺旋形等造型，也有修剪成动物造型的。

烂根 根部腐烂。可能是浇水或施肥过多、疾病等导致的。

根钵 将植物从土里挖出来的时候，根系之间带着的土。

匍匐植物 茎平卧在地上生长的植物。

营养土 为了适合植物生长而混合的土壤。在花盆里种植的时候，使用市场上销售的营养土十分方便。营养土也分为许多种类，适合玫瑰、蓝莓等花草、蔬菜、草药。种植时，要确认营养土中是否预先混合有肥料，再决定是否需要基肥。

木屑 用干燥的木材制成的粉末，常被用作护根物和装饰材料。

爬藤架 在庭院上方让藤蔓植物攀爬的顶架，能够遮挡阳光，使空间更有活力。

移栽 在苗床育苗后，将苗转移到花盆里。有时候也指将种植在花坛里的植物转移到花盆里。在这种情况下，一般是为了将不耐极端气候的植物转移到花盆中过夏或越冬。

后院 与主院相对的后院。

剪花 将开过的花剪掉。开花后如果放置不管，枯萎的花瓣会腐败引发疾病，所以要及时地将开过的花剪掉，保持植株周围干净整洁。此外，授粉后的花为了长出种子会吸收养分，消耗植株的养分，所以要尽快摘除。这样植株就会为了繁殖后代而不断地开花，延长花期。

叶烧 叶子像被烧过一样变成茶色的状态，常因为高温和暴晒。喜阴的植物如果放在阳光直射的地方就很容易出现叶烧的症状。

园艺珍珠岩 将珍珠岩高温高压处理后制成的白色人工石。重量轻、多孔，具有良好的排水性和透气性。常用于改善土壤的排水性。

吊篮 可以吊装的篮状容器。用来种植植物时，因为通风性好，所以很容易干燥，要注意防止缺水。

半阴处 一天之中只有几小时光照的场所，或者在树荫下等只有一些散射光的场所。

泥炭土 一种用于改良土壤的材料，比较接近酸性土壤，具有蓄水保湿、软化土壤的效果。

杂色 叶子上出现一部分白色或者黄色的花纹。杂色会使植株更富变化。可以通过品种改良获得杂色品种。杂色的植株能够给缺乏光照的庭院增添亮色。因为播种不能保证出现杂色植株，所以常用分株和扦插的方式来繁殖。

栅栏　用来遮挡视线或围墙的围栏。通常有格子形或斜格子形。

腐殖质　能够被微生物分解的植物和生物有机成分，腐叶土或堆肥等。

脚灯　照亮脚边的灯光，常设置于玄关周围的台阶和道路旁。

腐叶土　落叶树的落叶发酵、腐败后制成的土。需要彻底腐败成粉末状之后才能使用。拥有良好的透气性、保水性和保肥性，能够促进微生物生长。

分枝　枝条分杈。

壁泉　设置在建筑物墙面的喷水设施。

地面铺装　将地面用石头等材料铺装起来。

盆苗　用简易盆繁殖的种苗。园艺店销售的一般都是这种状态的植物。

护根　在植物根部覆盖上木屑或稻草，起到保温保湿和预防杂草的效果，还能防止下雨和浇水时泥浆飞溅导致疾病蔓延。

缺水　植物缺水的状态。整个植株都会变得萎靡不振，无精打采。如果不及时浇水可能会枯死。

基肥　在种植时施加的肥料，常用缓释性肥料。

重瓣花　开花时花瓣很多叠在一起的植物。

有机肥　使用天然素材为原料制作的肥料。油渣、骨粉、牛粪、鸡粪、堆肥、腐叶土等。

挡土墙　在具有高度差的斜坡上为了防止塌方而建造的墙壁。

混栽　在一个花盆中种植多种花草的方法。在搭配时要考虑花色、花型以及花期。大规模的混栽非常引人注目。

落叶树　到固定时期就落叶休眠的树木。虽然清洁落叶比较困难，但可以享受四季的变化，比如新芽的气息、开花、结果等。

匍匐枝　从主株横向延伸长出小株的藤蔓，藤蔓接触到地面生根后长出新的植株。

龙头水池　浇水和扫除时用于提供水源的带龙头的水池。

花床　用砖块和石头等堆起来的具有一定高度的花坛。

莲座叶丛　叶子呈放射状从地面长出来的样子。

矮化种　比正常体积更小的改良品种。

图书在版编目（CIP）数据

极致小庭院：设计与施工全图解 /（日）高山彻也著；朱悦玮译. — 沈阳：辽宁科学技术出版社，2024.5
ISBN 978-7-5591-3285-7

Ⅰ. ①极… Ⅱ. ①高… ②朱… Ⅲ. ①庭院—园林设计—图解 Ⅳ. ①TU986.2-64

中国国家版本馆CIP数据核字（2024）第005202号

出版发行：辽宁科学技术出版社
（地址：沈阳市和平区十一纬路 25 号　邮编：110003）
印 刷 者：辽宁新华印务有限公司
经 销 者：各地新华书店
幅面尺寸：182mm × 235mm
印　　张：9
字　　数：180 千字
出版时间：2024 年 5 月第 1 版
印刷时间：2024 年 5 月第 1 次印刷
责任编辑：闻　通　李　红
封面设计：何　萍
版式设计：李天恩
责任校对：韩欣桐

书　　号：ISBN 978-7-5591-3285-7
定　　价：59.00 元

联系电话：024-23280070
邮购热线：024-23284502
E-mail: 1076152536@qq.com